Autos 

 in der DDR

Autos

in der DDR

Herausgegeben
von Hans Hellbach

EULENSPIEGEL VERLAG

Inhalt

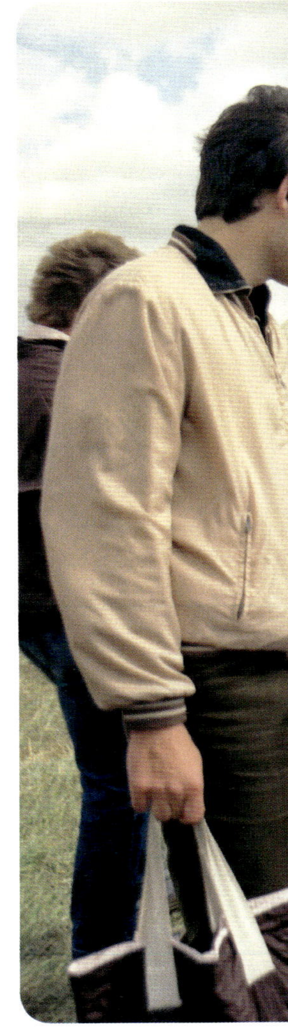

BAHNHOF FRIEDRICH

STL LG 82

LLYE GOL

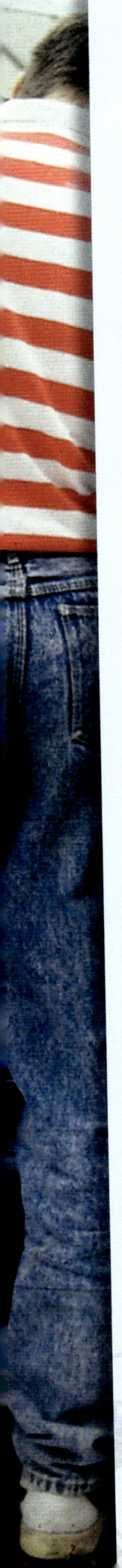

Vorbemerkung

Es war einmal ein Land, in dem waren die Autos aus Pappe, die Leute warteten viele Jahre, bis sie in den Besitz eines fahrbaren Untersatzes kamen, und dann ging die Rennerei nach den Ersatzteilen los. So oder so ähnlich war es in der DDR.

Aber es gab auch dort schöne Autos, gebaut von begabten Ingenieuren in Zwickau und Eisenach; es gab den legendären Multicar und Lkw, die in viele Länder exportiert wurden; es gab eine beeindruckende Palette von Spezialanfertigungen. Es wurden Feuerwehren und landwirtschaftliche Fahrzeuge gebaut; es rollten Importwagen aus Ost und West auf den volkseigenen Pisten; Verkehrsplaner machten sich kluge Gedanken; die Polizei kontrollierte nicht nur die 0-Promille-Grenze, sondern ging so nützlichen Aufgaben wie der Verkehrserziehung der Kinder nach; Motorsportfreunde kamen auf dem Sachsenring, dem Schleizer Dreieck oder dem Teterower Bergring auf ihre Kosten.

In den letzten Jahren sind viele Sachbücher und schöne Bildbände erschienen, die über Fahrzeugtypen der DDR, die Geschichte des Autobaus oder den Motorsport Auskunft geben. Technische Daten und authentische Bildzeugnisse finden sich auch in diesem Buch. Weil es aber »rund ums Auto« noch mehr zu erzählen gibt, wählten wir den Weg, Autogeschichte als Familien- und Alltagsgeschichte festzuhalten. Zu Wort kommen unter anderem die Brüder Pfotenhauer, ihres Zeichens Volkspolizist und Mitarbeiter im Verkehrsministerium; die Familie Brummer, eine Berufskraftfahrerdynastie; Campingfreund Sparmann und seine Frau, die spät ihre Liebe zum Auto entdeckt; die Tankwartin Helga Füller und ihre autobegeisterte Familie; Vater und Sohn Schuster, Dorfbürgermeister und Motorradfreunde. Auch wenn es keine dieser Familien tatsächlich gab, sind die erzählten Geschichten ganz und gar aus dem DDR-Alltag gegriffen, mit faktischen Details gespickt und mit Witzen kommentiert.

Wir laden ein zu einer vergnüglichen Spritztour durch das Autoland DDR. Was auf dieser Reise zu erleben und zu erfahren ist, möge der geschätzte Leser auf den Prüfstand der eigenen Erinnerung stellen.

Hans Hellbach

Auf flinken Rädern zur Planerfüllung

Nr.00001*

Helden der Arbeit auf der Route 96

O.U., den 28. 11. 19 89

Autor: Thomas Heubner

Vorfahrt für den Barkas B 1000 am Schillerplatz in Dresden. Der vielseitig einsetzbare Kleintransporter aus den VEB Barkas-Werken Karl-Marx-Stadt erreichte bis zu 100 km/h und war in unterschiedlichen Ausführungen für Handwerk und Gewerbe, Güter- und Personentransport, als Polizei- und Feuerwehrfahrzeug im Einsatz. Mit Sondergenehmigung gab es ihn in den achtziger Jahren auch für kinderreiche Familien.

1945

✘ *3. Juli: Beginn der Demontage des DKW-Werkes in Zschopau auf Befehl der Sowjetischen Militäradministration (SMAD). Die Sprengung der Werksgebäude kann durch ehemalige Werksangehörige mit Unterstützung des Bürgermeisters nach Verhandlungen mit der sowjetischen Besatzungsverwaltung verhindert werden*

✘ *24. September: Eine Gruppe von Arbeitern und Angestellten gründet die »Maschinenbaugenossenschaft (DKW) e.G.m.b.H. Zschopau«*

✘ *13. Oktober: Befehl Nr. 93 des Obersten Befehlshabers der Sowjetischen Streitkräfte in Deutschland zur Wiederaufnahme der Produktion in Eisenach, trotz großer Kriegsschäden am Werk*

✘ *Nach dem Weltkrieg unbeschädigt, wird das Framo-Werk in Hainichen laut Befehl 124 der SMAD demontiert*

Ach ja! »Temporausch« – »Ein Halleluja für ein Truckerherz« – »Hey Boss, ich brauch mehr Geld!« ... Er liebt diese Songs von Gunter Gabriel. Genauso gut findet er »Mein bester Kumpel« oder »Taxi 408« von Peter Tschernig, dem DDR-Pendant. Denn tief in ihm drin wohnt eine Country-Seele. Manchmal zieht er sogar die Cowboystiefel an, verspürt diesen Hang zur Wildwestromantik – Freiheit, Abenteuer, Lagerfeuer, Road 66, Easy Rider ... Freilich nicht deshalb, weil an seinem Wohn- und Arbeitsort Waldheim einst der Old Shatterhand- und Winnetou-Erfinder Karl May gelebt hat, wenn auch hinter den Gittern des Zuchthauses. Viel mehr hat dies wohl mit seinem Beruf als Fernfahrer zu tun. Trucker – wie stolz das klingt! Wer ist mehr?

Andererseits, so sinniert Andreas Brummer oft während der stundenlangen Fahrten, in einem zweiten Leben würde er vielleicht lieber einen anderen Beruf wählen, zum Beispiel Historiker. Dann könnte er sich in Ruhe seiner anderen Leidenschaft widmen, der Geschichte. Vor allem der Technikgeschichte des Automobilbaus und seiner eigenen Familiengeschichte. Denn schließlich ist er nicht zufällig Berufskraftfahrer geworden, sondern kam schon mit dem Lenkrad in der Hand zur Welt. Einfach hineingeboren in eine ganze Kraftfahrerfamiliendynastie: vom Großvater, Vater und Onkel über die Schwester, die beiden Brüder und Cousins bis zum Sohn. Der Familienstammbaum käme einem »Who is who« der Last- und Nutzfahrzeuge in der DDR gleich.

Den Grundstock hatte einst Großvater Wilhelm in Chemnitz gelegt, noch vor dem Krieg. In der Zwickauer Straße besaß er ein kleines Kohle- und

Lkw-Fertigung in Ludwigsfelde.

Fuhrgeschäft. Es lag in der Nähe des Güterbahnhofs, was in doppelter Hinsicht günstig war. Zum einen konnte die Kohle mit dem Pferdegespann an- und ausgeliefert werden, zum anderen war der Standort auch für den übrigen Gütertransport, vor allem die Möbelspedition, sehr praktisch. Leider war der Hanomag-Schnelltransporter während des Kriegs von der Wehrmacht requiriert worden, so dass nach dem Mai 1945 in Großvaters Geschäft nur noch der klapprige TV 300, das alte Dreirad, und der Vierrad-Lkw HAT 1200 aus dem Framo-Werk zur Verfügung standen. Da zu dieser Zeit die Transportprobleme im Land riesig waren, ließ die sowjetische Besatzungsmacht Opa Wilhelm weitermachen. Nur an Benzin oder Diesel heranzukommen war schwierig, und so wurde der 1-Tonner-Lkw einstweilen mit einem Holzgasgenerator betrieben.

Wilhelm Brummer blieb auch in den Folgejahren erfindungsreich und beherzigte die goldene Verhaltensregel eines Kleingewerbetreibenden, es sich nicht mit der Obrigkeit und den Kunden zu verderben. So brachten ihm ein paar Gefälligkeitstransporte für die sowjetischen Militärbehörden einen abgestempelten Bezugsschein,

Montage des Multicar im VEB Fahrzeugwerk Waltershausen.

Verkehrsdurchsage auf Radio DDR: »Vollsperrung der Autobahn Berliner Ring in Richtung Hermsdorfer Kreuz, Abfahrt Dessau-Süd und Dessau-Ost wegen eines umgestürzten, mit Südfrüchten beladenen LKW. Sie erreichen die Unglücksstelle am besten über die Fernverkehrsstraße …«

auf den ihm fürs Geschäft ein H3-Lkw – ein Kurzhauber mit Maybach-Motor aus Restbeständen – zugeteilt wurde. Und die neuen Wirtschaftsfunktionäre hatten auch nichts dagegen, dass er kurze Zeit später aus demselben Zwickauer Horch-Werk einen Framo V 501/2 bekam. Der Transporter besaß einen 2-Zylinder 2-Takt-Ottomotor, 500 Kubik, 17 PS und brachte es mit einer Nutzmasse von 0,7 Tonnen immerhin auf eine Geschwindigkeit von 60 Stundenkilometern. Natürlich vernachlässigte er dabei nicht die Pflege der üblichen Geschäftsbeziehungen. Das war umso wichtiger geworden, da Walter Ulbricht die junge DDR im Sturmschritt auf die Gipfelhöhen des Sozialismus treiben wollte und private Fuhrunternehmer dabei auch zu Fuß gehen sollten. Zumindest hatten sie keinen Anspruch auf neue Fahrzeuge mehr. Außerdem war die volkseigene Fahrzeugindustrie nicht in der Lage, den Bedarf an Neufahrzeugen zu decken. Also halfen sich viele Kleinunternehmer wie Opa Wilhelm gegenseitig. Er fuhr sogar bis ins mecklenburgische Lassan, um bei der Firma E. U. Pasternak Aufbauten an seinen Fahrzeugen vornehmen zu lassen. Nicht ganz so weit hatte er es bis zur Karosserie- und Fahrzeugfabrik von Fritz Fleischer in Gera, wo aus Schrott sogar Eigenbauten hergestellt wurden. Zum Glück wurde Großvater Wilhelm nicht behelligt, als Fritz Fleischer 1953 wegen angeblicher Schwarzmarktgeschäfte mit

Lkw-Produktion in Zwickau 1956: IFA Horch 3 A.

Schrott und Buntmetall kurzzeitig verhaftet wurde. Und er musste auch nicht mehr erleben, wie der private Karosseriebetrieb zuerst halbstaatlich und schließlich volkseigen wurde. Wenn Andreas Brummer mit seinem Brummi von der Autobahn abbiegt und durch Gera-Tinz am VEB Karosseriebau Gera vorbeifährt, erinnert er sich mitunter an diese Geschichte, die Vater und Onkel bei den zahlreichen Familientreffen gern zum Besten geben.

Die beiden Brüder hatten damals das Erbe ihres Vaters gerecht aufgeteilt. Ernst, Andreas' Vater, führte das Speditionsgeschäft weiter. Allerdings nicht mehr in Chemnitz, sondern in der Stadt der DDR, die als einzige im Namen drei O hat – Korl-Morx-Stodt, wie sie seitdem hieß. Zu tun gab es genug. Allein der wiederaufblühende Werkzeugmaschinen- und Automobilbau in der Stadt sowie die Wismut im Erzgebirge sorgten für viele Zuzügler. Mit zwei Handvoll Angestellter und drei Fahrzeugen bewältigte Ernst Brummer das Umzugsgeschäft: zwei H 3 A Möbelkoffer und ein H 6 Speditionspritsche mit Spriegel und Plane. Der H 3 A vom Zwickauer Horch-Werk – für Andreas immer noch einer der schönsten Lkws auf der Welt – war 1951 der erste komplett neuentwickelte Lastwagen aus DDR-Fertigung. Ein Dreitonner mit 80-PS-Dieselmotor, 60 Stundenkilometern Höchstgeschwindigkeit und 3500 Kilo Nutzmasse. Etwas größer noch der H 6 mit 120 PS und 6500 Kilo Nutzmasse, eigentlich eine Zwickauer Parallelentwicklung zum H 3 A, aber dann vom VEB Kraftfahrzeugwerk »Ernst Grube« in Werdau gebaut.

Möglich, dass es diese wunderbaren Lkw waren, die noch zum Fuhrpark des VEB Kraftverkehr Waldheim gehörten und den Ausschlag dafür gaben, dass Andreas Brummer hier als Kraftfahrer zu arbeiten begann. Vor allem aber war es für ihn eine andere Größenordnung als in Vaters Speditionsfirma. Zum Betrieb, der Bestandteil des Kraftverkehrskombinats Leipzig ist, gehören nicht nur Güternah- und -fernverkehr oder Spedition, sondern auch Personenbeförderung wie Taxi, die Döbelner Straßenbahn oder der Torgauer Kraftverkehr. Ein kleiner realsozialistischer Konzern. Und einen der 324 Lkw fährt Andreas. Genauer einen W 50, den Tausendsassa unter den Arbeitstieren.

Der Fünftonner war schon von den Zwickauern konzipiert und in Werdau konstruiert, als 1962 die Produktionsverlagerung nach Ludwigsfelde erfolgte. Noch heute ist Andreas mit

Ein Amerikaner und ein Russe unterhalten sich. Der Amerikaner gibt an: »Die Einkäufe macht meine Frau mit dem Ford, in die Oper fahren wird mit dem Cadillac, und wenn wir unsere Freunde besuchen, nehmen wir das Flugzeug!« Daraufhin der Russe: »Die Einkäufe macht meine Frau zu Fuß, in die Oper fahren wir mit dem Traktor, und unsere Freunde besuchen wir mit dem Panzer!«

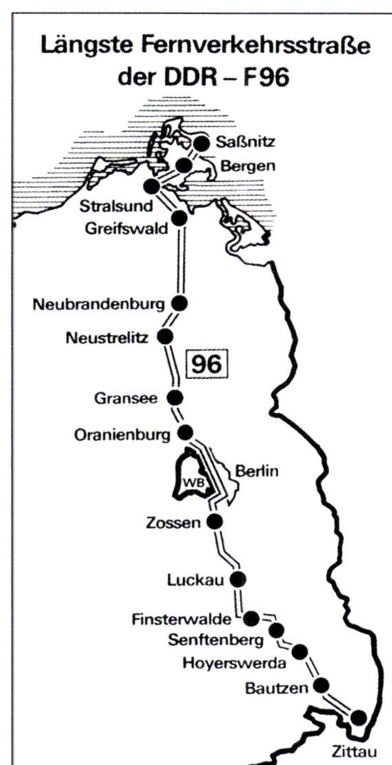

Barkas-Modellautos.

seinem W 50 zufrieden, wenn er auf Achse ist: Allradantrieb, Vier-Zylinder-Diesel-Direkteinspritzung, 125 PS, Blattfedern mit Stoßdämpfer, hydropneumatische Allradbremse, 90 Stundenkilometer Höchstgeschwindigkeit. Mit dem Auto kann man eine ganze Menge bewegen. Zumal es von ihnen über eine halbe Million gibt, mehr als zwei Drittel davon rollen in den Bruderländern sowie in Afrika, Asien und Lateinamerika.

Um beim verzweigten Familienstammbaum zu bleiben: Onkel Friedrich investierte seinen Anteil an der Hinterlassenschaft des Großvaters in Dresden, in einen kleinen Gemüseladen, den seine Frau Inge ebenfalls von ihren Eltern geerbt hatte. Während die Gattin Kartoffeln, Gemüse und Obst verkaufte und die Buchhaltung machte, kümmerte sich der Onkel um die Ware. Da er freilich nicht bei der HO oder dem Konsum angestellt war, führten die Besorgungen nicht nur bis zum Großhandelslager, sondern auch zu den LPG und Gärtnereien im Bezirk und bis zum Spreewald oder ins Obstanbaugebiet um Werder. Anfangs tuckerte er noch mit Großvaters altem Framo von der Sächsischen Schweiz bis zu den Brandenburger Seen. Aber weil er die Verkaufsstelle der SED-Bezirksleitung wie auch die Bezirksparteischule bevorzugt mit frischem Gemüse und Südfrüchten belieferte, wurde ihm vom Rat des Bezirkes die Genehmigung erteilt, einen Granit 27 zu kaufen. Der Pritschenwagen hatte einen luftgekühlten 50-PS-Motor und eine Nutzmasse von 1,5 Tonnen. Damit konnte Onkel Friedrich schon eine Menge wegschleppen, was vor allem bei den Anlieferungen von Einkellerungskartoffeln für die Bevölkerung nützlich war.

Seine Initiative und Einsatzbereitschaft wurde belohnt, indem man ihm ein paar Jahre später einen neuen Klein-Lkw zuteilte, einen Garant 30K, ebenfalls ein Pritschenwagen, aber ein Diesel mit immerhin 60 PS und zwei Tonnen Nutzmasse. Beide Fahrzeuge stammten aus dem VEB IFA Lastkraftwagen- und Motorenwerke »Phänomen« in Zittau, der allerdings 1957 in VEB Robur Werke umbenannt wurde, weil die Namensrechte für »Phänomen« im Westen lagen. Deshalb war auch aus dem Horch-Granit ein Garant geworden. Ein Garant für den Frieden, für den Sieg des Sozialismus und für die Geschäftserfolge kleiner privater Gemüsehändler. Zittau selbst wurden andere Fertigungsstätten angegliedert,

Klaus, der kleine Sohn von Parteisekretär Lehmann, sitzt unterm Tisch und ahmt Motorengeräusche nach. »Was machst du denn da?«, fragt die Mutter. »Ich fahre mit meinem Mercedes«, sagt Klaus. »Was fällt dir ein«, schimpft die Mutter, »weder in der DDR noch in einem anderen sozialistischen Land wird so ein Auto produziert!« »Leider nicht«, sagt Klaus, »aber wenn ich mir schon ein Auto ausdenken muss, werde ich mir doch keins aus der volkseigenen Produktion vorstellen!«

darunter das Karosseriewerk Bautzen und das Motorenwerk Kamenz. Aber Robur produzierte seitdem Busse und größere Lkw, eine Spielklasse zu hoch für Friedrich Brummer, um saure Gurken aus Lübbenau nach Elbflorenz zu transportieren.

Trotzdem hält die Familie den Herstellerfirmen irgendwie die Treue, die sie so lange mit Fahrzeugen beglückt hatten. Etwa Friedrichs Sohn Bernd. Der ist ebenfalls Kraftfahrer, wenn auch in einem Backwarenkombinat. Wenn Andreas auf der F 96 unterwegs ist, seiner Lieblingsstrecke, besucht er ihn manchmal in Zittau. Da fallen nicht nur regelmäßig übriggebliebenes Brot, Brötchen und Kuchen für ihn ab, sondern sie können auch bei einem Aubi, dem alkoholfreien Bier für Kraftfahrer, so herrlich fachsimpeln. Und selbstverständlich lässt ihn der Cousin manchmal auf den Bock seines Robur LO 3000 steigen, der nun hier in der Stadt hergestellt wird. Er darf sogar ein paar Runden drehen, auch wenn er Betriebsfremder ist und es eigentlich gegen die Betriebsvorschriften verstößt. Aber der »Ello«, wie die Kenner den Frontlenker nennen, ist nicht nur vielseitig und handlich, sondern lässt sich auch kinderleicht fahren. Dafür ist die Karre mit gut 80 Sachen nicht unbedingt die schnellste. 4,1 Liter Hubraum und 73 PS, ein Exemplar mit Allrad, Fünf-Gang-Wechselgetriebe, wobei die Gänge zwei bis fünf synchronisiert sind. Nur beim Schaltvorgang Untersetzung muss man darauf achten, dass beim Schalten in einen untersetzten Gang die Drehzahl stark erhöht wird, also zum Einschalten der Untersetzung zweimal kuppeln, Zwischengas geben und die doppelte Wellendrehzahl erreichen und dann den Hebel zügig nach hinten legen.

Natürlich werden die »Ellos« nicht nur in ihrer Heimatstadt gern gefahren. Fast eine Viertelmillion haben die 3500 Beschäftigen in den beiden Fabriken in Zittau und Bautzen schon hergestellt, weiß Cousin Bernd stolz zu berichten. Darunter jede Menge Busse, aber auch NVA und Volkspolizei, die Firma »Horch & Guck« und viele andere Betriebe sind die Abnehmer. Außerdem werden diese Autos in 33 Länder exportiert. Auch in Nikaragua, Angola, Ägypten, Indonesien oder im Irak fährt man Robur.

1946

✗ März: Beendigung der Demontage des Framo-Werkes, Beginn des Wiederaufbaus und Produktion von Kartoffelkörben, Handwagen, Kinderrollern, Gespannwagen, Kfz-Ersatzteilen und Reparaturen

✗ 30. Juni: Durch Volksentscheid in Sachsen wird die Auto Union AG enteignet. Aus dem ehemaligen Werk Horch entsteht der VEB Sachsenring, aus Audi wird der VEB Automobilwerke Zwickau

✗ 1. Juli: Eingliederung des DKW-Werkes in die Industrie-Verwaltung Fahrzeugbau unter der Firmenbezeichnung »IFA-Motorradwerk Zschopau«

✗ 15. September: In Eisenach wird der Demontagebefehl aufgehoben; das Eisenacher Werk ist Teilbetrieb der Sowjetischen Aktiengesellschaft Awtowelo

✗ Wiedereröffnung des »Gerätebau Waltershausen«, Beginn der Herstellung von landwirtschaftlichen Geräten, Anhängern und Anhängerkupplungen

✗ Wiedergründung der FAKULTA

So weit möchte sich Andreas Brummer vorerst nicht entfernen. Aber wenn er schon mal im südöstlichen Zipfel der Republik ist, kann er sich einen kleinen Abstecher in Richtung Radebeul leisten. Natürlich nicht wegen des Karl-May-Museums, Wildwest und Easy Rider abseits der Route 96, sondern ein paar Kilometer weiter nach Coswig. Schließlich lebte und wirkte hier von der Mitte des 19. Jahrhundert bis Anfang der dreißiger Jahre Emil Hermann Nacke, ein Pionier der sächsischen Automobilproduktion. Seine ersten Automobile nannte er als Referenz an seine Heimatstadt »Coswiga«, obgleich die im damals noch selbständigen Kötitz gebaut wurden. Seltsam findet Andreas Brummer es schon, dass in der Stadt keine Straße namentlich an ihn erinnert, wo doch Nacke sich für seine Arbeiter engagierte, für sie in der Naundorfer Straße Werkswohnungen baute und für die Kötitzer Schule Lehrmittel spendete. Also wozu preist die SED-Führung seit kurzem wieder deutschen Erfindergeist, lässt sogar Friedrich den Großen oder August den Starken aus der Versenkung holen? Schließlich kaufte sogar der Sächsische König einen Jagdomnibus mit zehn Plätzen, dessen Chassis aus der Maschinenfabrik von Emil Nacke stammte. Und auch der Kaiser von Abessinien, dem heutigen Äthiopien, fuhr mal in einem geschenkten 35 HP Nacke-Doppel-Phaethon. Wie knausrig dagegen Honni, der seinem Kampfgenossen Mengistu Haile Mariam in Addis Abeba nur ein Karl-Marx-Denkmal hinstellte. Aber, so grübelt Andreas Brummer, vielleicht liegt das daran, dass beide deutsche Staaten die Erben von Marx sind: Die DDR bekam das »Manifest«, die BRD das »Kapital« …

Dass er über so etwas auch mit den anderen beiden Cousins nicht vernünftig reden kann, verwundert ihn nicht weiter. Die kennen nur die StVO und das Reparaturhandbuch ihrer Fahrzeuge. Aber die sind zu klein für Andreas, der gern über den anderen Verkehrsteilnehmern thront. Beispielsweise der Barkas B 1000, den Udo durch Riesa steuern darf. Wenn er den Cousin aufziehen will, sagt er ihm, dass er doch bloß einen aufgeblasenen Trabi reite, obwohl das Auto ja den Dreizylinder-Zweitaktmotor des Wartburg hat, dabei jedoch nicht in Eisenach, sondern im alten Framo-Werk im sächsischen Hainichen produziert wird. Oder – um als Fachmann exakt zu sein – im VEB Barkas-Werke Karl-Marx-Stadt, nachdem 1958 »Framo« Frankenberger Motorenwerk mit der Produktionsstätte in Hainichen in »Barkas-Werke« umbenannt und 1959 mit dem Motorenwerk sowie dem Karosseriewerk in Karl-Marx-Stadt vereinigt wurde.

Trotz der Größe des Herstellerbetriebes fährt sich der Transporter fast wie ein Pkw, nur dass die neueren

Der Autodrehkran ADK 125 wurde im IfF Leipzig gemeinsam mit Konstrukteuren des VEB Georgi-Dimitroff-Werks Magdeburg entwickelt und zunächst dort, später beim VEB Maschinenbau Karl-Marx Babelsberg hergestellt.

Modelle statt der Lenkrad- eine Knüppelschaltung haben. Sie funktioniert leichtgängig und exakt, dank Freilauf braucht ein gefühlvoller Fahrer noch nicht einmal bei jedem Gangwechsel auf der Kupplung rumzutreten. Ein Liter Hubraum und 46 PS bringen ihn bis zu 100 Sachen auf Trab – eine respektable Fahrleistung für so ein Fahrzeug. Als das Auto 1961 der staunenden Öffentlichkeit vorgeführt wurde, musste es sich inmitten der internationalen Konkurrenz nicht schämen. Damals hatte ein VW-Bus noch eine geteilte Frontscheibe, mickrige 34 PS sowie ein kriminelles Pendelachsfahrwerk. Oder der vergleichbare Renault Estafette. Seine Spitzengeschwindigkeit von 85 erzielte er nur bei günstigem Rückenwind und war deshalb nur als Steigungssuchgerät beliebt. Auch was die Karosseriebauer unter Heinrich Schmieder, Chefkonstrukteur und dann Technischer Direktor bei Barkas, zustandegebracht hatten, konnte sich sehen lassen. Es gab keinen anderen Kleinbus bzw. -transporter mit so einem freundlich dreinblickenden Gesicht. Und abgesehen vom Design fand sich kaum ein anderer Frontlenker, der auf dieser Verkehrsfläche mehr Nutzraum, also Fahrerhaus plus Ladeabteil, zu bieten hatte. Kein Wunder, dass in der DDR viele Handwerker und Rockbands so scharf auf dieses Auto sind.

Das Erstaunliche für Andreas Brummer ist die breite Modellpalette des B 1000, die selbst er nicht völlig überblickt. Er kennt den Kasten- und den Kasten-Mehrzweckwagen, den Kleinbus, den Krankenwagen und das Pritschenfahrzeug, weiß, dass es die Fahrerhaus-Rahmenausführung mit Leicht-, Isolier- oder Mehrzweckkofferaufbau gibt. Cousin Udo wiederum ist in der Stadt, wo die Sicherheitszündhölzer hergestellt werden, bei der Feuerwehr und steuert einen Mehrzweckkoffer, ein Kleinlöschfahrzeug (KLF). Zu dem Wagen gehören zwei Rundumkennleuchten, eine Dachhalterung zur Aufnahme von vier A-Saugschläuchen sowie eine fahrbare Schlauchhaspel als Nachläufer. Das KLF dient zum Transport einer Feuerwehrstaffel und der feuerwehrtechnischen Ausrüstung für eine Gruppe. Udo Brummer macht kein Hehl daraus, dass es ihm ungeheuren Spaß bereitet, mit Blaulicht und Tatütata durch Sachsen zu rasen. Wie der Name »Barkas« be-

Ein Lkw muss an einer roten Ampel halten. Hinter ihm hüpft eine Blondine aus ihrem Trabant, trommelt an sein Seitenfenster, bis er aufmacht, und ruft: »Ich bin die Gabi mit dem Trabi, und Sie verlieren Ladung!«
Der Lkw-Fahrer will antworten, aber die Ampel springt auf Grün. Er fährt weiter. An der nächsten Ampel wieder! Die Blondine hüpft aus ihrem Trabant, trommelt an sein Seitenfenster, bis er aufmacht, und ruft: »Ich bin die Gabi mit dem Trabi, und Sie verlieren Ladung!«
Der Lkw-Fahrer schüttelt nur den Kopf und fährt weiter. An der dritten Ampel: Die Blondine hüpft aus ihrem Trabant, trommelt an sein Seitenfenster und ruft: »Ich bin die Gabi mit dem Trabi, und Sie verlieren Ladung!«
Der Lkw-Fahrer kurbelt das Fenster herunter und ruft: »Ich bin der Günter! Und es ist Winter! Und ich fahre ein Streufahrzeug!«

Ein Lkw-Fahrer von Deutrans fährt über die Landstraße, als er plötzlich ein kleines blaues Männchen am Straßenrand stehen sieht. Er hält an und fragt: »Na, was bist du denn für einer?«
Das kleine blaue Männchen antwortet: »Ich komme von der Venus, bin schwul und habe Hunger!«
Der Lkw-Fahrer antwortet: »Tut mir leid, ich kann dir nur ein Brötchen geben, das ist alles, was ich für dich tun kann!«
Er gibt dem blauen Männchen ein Brötchen und fährt weiter, bis er am Straßenrand ein kleines rotes Männchen stehen sieht. Er hält wieder an und fragt: »Na, was bist du denn jetzt für einer?«
Das kleine rote Männchen sagt: »Ich komme vom Saturn, bin schwul und habe Durst!«
Der Lkw-Fahrer gibt dem roten Männchen eine Vita-Cola und sagt: »Tut mir leid, das ist alles, was ich für dich tun kann!«, und fährt weiter.
Schließlich sieht er ein kleines grünes Männchen am Straßenrand stehen. Er hält wieder an und sagt: »Na, du kleines grünes, schwules Männchen, was kann ich dir denn geben?«
Sagt das grüne Männchen: »Führerschein und Fahrzeugpapiere, bitte, und dann pusten Sie in dieses Röhrchen!«

Multicar M 22, rund 42 500 Fahrzeuge wurden hergestellt.

sagt – »der Blitz«, benannt nach den schnellen militärischen Operationen des Feldherrn Hamilkar Barkas aus Karthago, dem Vater des berühmten Hannibal.

Dass Schnelligkeit auch mit Unfallgefahr verbunden ist, musste Udo bei seinen Feuerwehreinsätzen schon zweimal im wahrsten Sinne des Wortes erfahren. Zum Glück nur Blechschäden. Aber eingedenk weiser Worte sagt er sich: Der große Barkas erlebte drei Karambolagen. Nach der ersten hatte er nur einen Kratzer. Nach der zweiten war er noch fahrtüchtig. Nach der dritten blieb nur noch ein Schrotthaufen …

Weniger temperamentvoll als sein Bruder und dessen roter Flitzer ist Leo. Andreas Brummers dritten Cousin hat es nach Jena ins Kombinat Carl Zeiss verschlagen, wo er im Dreischichtsystem im Multicar Werkzeuge und Material übers großflächige Werksgelände karrt. Im Gegensatz zu den meisten Stehkragenproletariern bei Zeiss ist er sich für keine Arbeit zu schade – Hauptsache, er kann in seinem nach vorn zu kippenden einsitzigen Fahrerhaus ho-

Multicar M 25. Ca. 70 Prozent der Produktion wurden in die RGW-Staaten und ins westliche Ausland exportiert.

Multicar M 21, »Dieselameise«. Von 1958 bis 1964 verließen rund 14 000 Fahrzeuge die Werkhallen in Waltershausen.

cken bleiben. Eine Ausnahme macht er nur, wenn Wolfgang Biermann durch die heiligen Hallen schreitet. Freilich nicht dieser komische schnauzbärtige Bänkelsänger, sondern der Generaldirektor. Dann hüpft er schon mal aus seinem Führerstand und betätigt den Dreiseitenkipper, die Drehleiter oder die Montagebühne, je nachdem, mit welchem Typ er gerade unterwegs ist.

Denn vielfältig einsetzbar sind diese kleinen Helden der Arbeit aus dem VEB Fahrzeugwerk Waltershausen allemal. Bei der Stadtreinigung als Kehrmaschine, als Streufahrzeug im Winterdienst, als Muldenkipper, als Kofferfahrzeug und und ... Das hatten sich die Thüringer Gerätebauer, die bis dato nur mickrige landwirtschaftliche Maschinen sowie Anhänger und Anhängerkupplungen fabrizierten, 1957 nicht erträumt, als sie von Ludwigsfelde den Kleintransporter »Dieselameise« übernehmen mussten. Ja, richtig – »mussten«. Denn die Partei durfte damals etwas Überzeugungsarbeit leisten, damit es im Siebenjahrplan in Siebenmeilenschritten vorwärtsgeht und wissenschaftlich-technische Revolution und Spezialisierung im volkseigenen Fahrzeugbau Hand in Hand marschieren. Und nun sind sie in Waltershausen heilfroh, ein Spitzenprodukt mit Weltniveau herzustellen, von dem weit über die Hälfte exportiert wird, auch ins NSW. Und Spitzenprodukte auf einem anderen Spitzenprodukt mit 45 PS zu transportieren, stimmt auch Leo Brummer glücklich. Vor allem am Lohntag. Indes, so sagt er sich manchmal auf seinen Betriebstouren, ist seine winzige Dieselameise immer noch zu groß für diesen 1-Mega-Bit-Chip, auf den nicht nur Biermann so stolz ist. Damit sich eine Fuhre richtig lohnt, müssten schon ein paar Chips mehr vom Fließband kleckern. Wie gesagt: Mikrochips, keine Kartoffelchips!

Selbstverständlich hat Andreas Brummer schon genügend Touren für Zeiss gefahren und auch seinen Jenaer Kraftfahrer-Cousin oft besucht. Ebenso führten ihn zahlreiche Fuhren nach Waltershausen bei Gotha, wo er sich mit eigenen Augen davon überzeugen konnte, dass täglich 40 Multicars das Werk verlassen. Von dort ist es nur einen Katzensprung bis Apolda, wo nicht nur Strickwaren und die Filinchen hergestellt werden, sondern wo zu Beginn des Jahrhunderts auch mal Autos gebaut wurden. Die Brüder Ley begannen damals mit dem »Piccolo«, einem Zweisitzer mit Fünf-

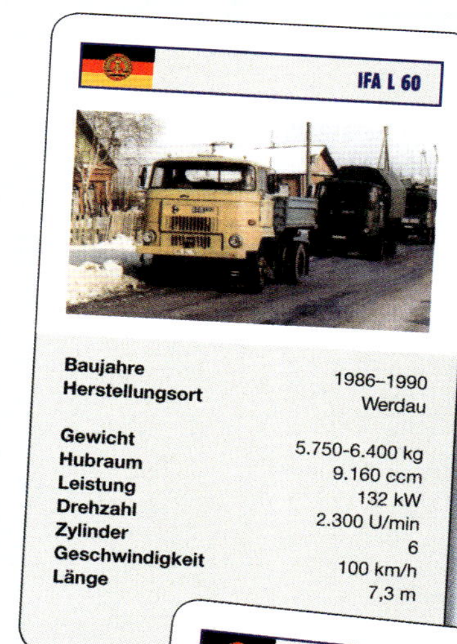

Ein Trabi steht am Straßenrand mit geöffneter Motorhaube, unter der Qualm aufsteigt. Beugt sich ein Lkw-Fahrer aus seinem Führerhaus und meint: »Darf denn der Kleine schon rauchen?«

PS-Zweizylinder-V-Motor, dann folgten der »Apollo« und verschiedene andere Limousinen und Sportwagen sowie Lastkraftwagen und Omnibusse mit Schiebedach. Die Ley-Fahrzeuge wurden sogar nach China, Russland, Japan, Argentinien, Brasilien, Indien und Marokko verkauft.

Wenn ihn keine Liefertermine drücken, benutzt Andreas für solche Spritztouren weder seine Lieblingsstrecke F 96 – der Umweg wäre doch zu gewaltig – noch die Autobahn, sondern fährt über die Dörfer. Dann sagt er sich: »Die Stoßstange ist aller Laster Anfang«, und es kommt in ihm manchmal wieder der Heimatforscher durch, und er kurvt in seinem W 50 beispielsweise durch Meerane. Aber er quält den Truck nicht wie die Friedensfahrer ihre Rennräder die Steile Wand hoch. Vielmehr zieht es ihn zum VEB IFA Karosseriewerk Meerane. Ähnlich wie in Coswig ärgert er sich dann ein bisschen, dass die Leute hier nicht mehr Reklame für ihre Arbeit machen. Steht hier doch einer der wichtigsten Karosseriebetriebe der DDR. Kein Trabant-Kombi, kein 311er Wartburg-Coupé und keine IFA F9 Cabriolimousine ohne Meerane! Mehr noch: Automobilkarosserien haben hier seit 1906 Tradition, seit Gustav Reinhold Hornig seine Firma ins Handelsregister eintragen ließ. Und in der Folge ließen Presto, DKW, Wanderer, Audi und Horch bei Hornig bauen. Aber das ist lange her, länger als ein Bergprämienspurt der Friedensfahrer an der Steilen Wand …

Jedesmal, wenn die Friedensfahrt hier durchkam, war er mit seinem Vater und den Geschwistern begeistert. Sicher, ein bisschen von den Kletterkünsten eines Manfred Weißleder oder Juri Melichow, um so mehr aber von den zahlreichen Begleitfahrzeugen, die viel schneller den Berg hinaufkamen. Neben der Blutsverwandtschaft ist es also immer wieder die Autoliebe,

1986 stellt der VEB IFA-Kombinat Nutzkraftwagen Ludwigsfelde als Neuentwicklung den L 60 vor.

die die Familie zusammenhält. Eine verbindende Reifen- und Abgasspur, ein graublaues Band der Sympathie. Es spannt sich quer durchs ganze Land, bis nach Mecklenburg, wo seine beiden Brüder leben.

Hans, der Älteste und Bodenständigste der Familie, wohnt in Mestlin, einem Dorf im Kreis Parchim, wo man einst die schönen Maisfeste feierte und wo es regelmäßig das in der Nähe gebraute Lübzer Pils gibt. Er ist Landmaschinenschlosser in der LPG Pflanzenproduktion und folgte schon in jungen Jahren dem Aufruf der FDJ: »Arbeiterjugend aufs Land!« Um der Wahrheit die Ehre zu geben: Am Anfang war es natürlich nicht glühender revolutionärer Eifer, sondern lediglich ein zweiwöchiger Erntehelfereinsatz. Doch dann verguckte er sich in Dorothea, die hübsche rothaarige Tochter des LPG-Vorsitzenden, und blieb als Traktorist in der MTS. Der Maschinen-Traktoren-Station. Andreas Brummer möchte zwar mit dem großen Bruder nicht tauschen, aber er beneidet ihn schon. Vor allem wegen der unendlich vielen Fahrzeuge, die Hans schon unterm Hintern hatte: Bagger, Kräne, Pressen, Verlade- und Förderbänder oder Transportwagen. Liegt Hans bei seiner Arbeit gut im Plan, singt er gern das Lied von den »Tausend Traktoren«, das er mal auf einem Lehrgang an der Jugendhochschule gelernt hat. Oder noch lieber »Fritz, der Traktorist«, wobei er aber den Namen auswechselt:

Wer ist überall der Erste?
Das ist Hans, der Traktorist!
Ob's im Pflügen oder Säen,
oder ob's im Lernen ist.
Auf dem Felde bei der Arbeit
singt er stets das beste Lied,
dann stimmt Gretel ein ganz leise,
weil ihr Herz vor Sehnsucht glüht …

Schade eigentlich, denkt Andreas Brummer, wenn er sich von Hans in Mestlin verabschiedet hat und ihm auf seinem Kutschbock noch immer das Traktorenlied durch den Kopf geht, dass es nicht ebensolche schönen Volksweisen über Kraftfahrer gibt. Darüber würde sich gewiss auch Mathias, der andere Bruder, freuen.

Auch den hatte er kürzlich in Rostock besucht und war vorher einfach in Neubrandenburg von seiner geschätzten F 96 abgebogen, um in Malchin an der Mühle einen Zwischenstopp einzulegen, bei einem Autonarren. Er wollte kaum glauben, was ihm da gezeigt wurde. Nämlich Fotos, Motoren, Karosserien und sogar Fahrzeuge, die belegen, dass in Mecklenburg-Vorpommern nicht nur Zuckerrüben und Kartoffeln angebaut werden, sondern dass auch hier eine Wiege des Automobilbaus stand. So konstruierte der Malchiner Siegfried Marcus schon 1870 einen verdichtungslosen, direktwirkenden Kurbeltriebmotor. Da er das Ding auf einen Handwagen montierte, kann man eigentlich noch nicht von einem richtigen Benzinauto sprechen, aber immerhin. Ähnlich bei Carl Foth und Fritz Nebelung, die am

Erzählt ein Bauer seinem Freund: »Stell dir vor, letztens bin ich mit meinem Trecker in 'ne Radarfalle gefahren!« Fragt der: »Und, hat's geblitzt?« »Nee, gescheppert …«

Kommt ein Trucker in die Raststätte und bestellt sich eine Soljanka und einen Kaffee. Da kommen zwei Motorradfahrer rein und setzten sich zum Trucker. Sie ziehen ihm die Serviette durch die Suppe, beschmieren sein Hemd mit Senf und stülpen ihm den Suppenteller über den Kopf. Der Trucker bleibt ruhig, zahlt und geht. »Was war das denn für ein Idiot?«, fragt einer der Motorradfahrer. »Weiß ich nicht«, antwortet der Kellner. »Autofahren kann er jedenfalls nicht. Als er eben seinen Truck zurückgesetzt hat, hat er zwei Motorräder plattgewalzt …«

- Gründung des Industrieverbandes Fahrzeugbau (IFA)
- Eingliederung von Simson-Suhl in die sowjetische Aktiengesellschaft SAG Awtowelo, Beginn der Produktion von Kinderwagen und Fahrrädern
- Das Zwickauer Horch Werk produziert den Lkw H 3

Technikum in Neustadt/Glewe studierten und nach ihrem Examen in Dömitz eine kleine Fabrik für Motorwagen gründeten. Oder die Wismarer Maschinenfabrik Podeus AG, die 1906 in das Kraftfahrzeuggeschäft einstieg, bereits ein Jahr später Autos in die Serienfertigung herstellte und diese bis nach Indien und Brasilien verkaufte.

Als Andreas Brummer seinem Bruder Mathias in Rostock von dieser Entdeckung berichten wollte, hatte dieser nur müde abgewinkt. Es war typisch für ihn. Er ist zwar ebenfalls Kraftfahrer mit Leib und Seele und auch Mitglied der FAKULTA im FDGB, so einer Art Sozialkasse und Versicherung für Berufskraftfahrer. Doch sonst meint er wohl, er wäre was Besseres, hätte es von allen in der Familie am weitesten nach »oben« geschafft. Und das nur, weil er an seinem Truck das Schild »TIR« hat und für die Deutrans fährt, für die internationale Spedition der DDR. Klar, meint Andreas wiederum, es ist einerseits nicht übel, in den Westen fahren zu dürfen, bis nach Spanien, Italien oder Griechenland, zumal auf modernen und komfortablen Trucks von Volvo, Scania oder Mercedes. Doch andererseits? Auch wenn die Deutrans-Leute nicht wie ihre polnischen oder rumänischen Kollegen einen 1000-Liter Zusatztank angeschweißt hatten, um Westgeld zu sparen ..., auch wenn sie nicht bei der stundenlangen Warterei an den Grenzübergängen ihre Fahrerkabinen an geschäftstüchtige Bordsteinschwalben vermietet haben... für ihn wäre das nichts. Vor den Westkollegen den Affen machen als Billiglohnfahrer, und außerdem tage-, ja, wochenlang nicht nach Hause zu kommen! Es wunderte ihn seinerzeit nur, dass der Bruder diesen Job bekommen hatte, wo er doch nicht einmal in der Partei war. Aber vermutlich liegt es daran, dass sie in der Familie keine Westverwandtschaft haben.

Wenigstens hat sich Mathias in Rostock und bei Deutrans nicht das Sächsische abgewöhnt. Wäre ja noch schöner! Wenn eine Katze im Fischgeschäft Junge kriegt, sind es deswegen noch lange keine Heringe ...

Ihren unverwechselbaren sächsischen Dialekt hat schließlich auch Schwester Erika gepflegt, die seit Jahren in Leipzig lebt. Sie hat dort mit ihrem Mann Martin quasi den öffentlichen Personennahverkehr unter sich aufgeteilt. Sie fährt Bus, er Taxi.

Auch der jüngste Spross der Familie, Sohn Jurek, hat für sich entschieden: Go east! Dort, an der Drushba-Trasse zwischen Krementschuk und Bar in der Ukraine, fährt er »sibirische Eisenschweine« und »Taiga-Trommeln«, sprich Schwerlastkipper. So ein BelAZ 40, wo die Räder mannshoch sind, bringt 30 Tonnen auf die Waage, und ein KrAZ 258 hat 240 PS. Der Junge hatte sich zum »FDJ-Jugendobjekt Erdgastrasse« freiwillig gemeldet, um mal was anderes kennenzulernen und um vor allem gutes Geld zu verdienen. Doch so abenteuerlich hatte er sich wiederum auch nicht vorgestellt.

Er ist zwar ein Profi-Brummifahrer, aber die Giganten der Landstraße, die er nun unter sich hat, bezeichnet er als Energievernichtungsmaschinen. Wenn er zweimal im Jahr auf Heimaturlaub kommt, erzählt er seinen Eltern, dass schon ein Ural auf einem Kilometer einen Liter Sprit frisst. »Wo ist die Energie hin?«, fragt er dann. »In Wärme kann sie nicht umgewandelt sein, sonst müsste die ganze Karre glühen. Unverbrannter Sprit fließt auch nicht aus dem Auspuff. Und in mechanische Energie, also Fahrleistung, kann sie auch nicht umgesetzt sein, denn man weiß von anderen Lkw, dass hier 30 Liter für diese Masse reichen. Den Sowjets gelingen also Wunder – sie können sogar das Energieerhaltungsgesetz außer Kraft setzen.«

Klar auch, dass bei der Beanspruchung der Fahrzeuge eine Materialschlacht nicht ausbleibt. Spätestens alle zwei, drei Jahre müssen Motor, Getriebe oder Achsen ausgewechselt werden, die Reifen dagegen fast jeden zweiten Tag. Unterwegs, am Straßengraben, nur mit Hammer, Radschlüssel, Montiereisen und Muskelschmalz. Zum Glück hatte Jurek das Improvisieren schon zu Hause gelernt.

Als Sohn Jurek bei seinem letzten Urlaub von der Trasse auf den Dieter aus Pepelow traf, hat Andreas gestaunt. So kannte er seinen Freund noch gar nicht. Auch wenn der seit Jahren bei Minol in Berlin arbeitet, ist er doch ein Fischkopp geblieben, und die sind nun wirklich nicht für ihre Mitteilsamkeit bekannt. Aber was die beiden sich zu erzählen hatten! Wenn Andreas nur an den Spruch denkt, den sie am Kaffeetisch zum Besten gaben: »Hast du Hammer bei und Rödeldraht, kommst du bis nach Leningrad. Und mit ein bisschen Glück, kommst du auch zurück.« Ansonsten haben die Trassenbauer noch mit dem russischen Klima zu kämpfen, wie vor ihnen schon Napoleon und andere. Während der Regenzeit im Frühjahr und Herbst bleiben die »Eisenschweine« nicht selten im kniehohen Schlamm stecken. Und im Winter, bei Temperaturen zwischen 25 und 35 Grad unter Null, wird der Motor am liebsten gar nicht ausgeschaltet. Wer vergessen hat, rechtzeitig »Winterdiesel« zu tanken – Pech gehabt. Der Diesel geliert und verstopft alles. Dann heißt es Leitungen entlüften, Filter ausbauen und basteln, bis der Motor wieder läuft.

Andreas ist stolz, wenn er an Jurek denkt – und möchte am liebsten die ganze Familie in seine Arme schließen.

Ein Lkw vom Typ W 50 fährt auf eine Unterführung zu. Der Fahrer sagt: »Ist aber blöd. Nur 3,80 Meter erlaubt, und wir haben 4,10.« Darauf dreht sich der Beifahrer zu ihm und meint: »Fahr durch, es ist kein Polizist zu sehen!«

Robur Garant 40 Kipper.

Der lange Weg zum eigenen Gefährt

Nr. 00002*

So kann's gehen

O.U., den 28. 11. 19 89

Autor: Birgit Meier

Viel Geduld musste bei den Bestellzeiten für einen Pkw aufgebracht werden – typabhängig von zwölf bis zu siebzehn Jahren; Parkplatzsorgen hingegen waren weitgehend unbekannt, so dass das endlich erworbene Gefährt oft direkt vor der Haustür stand, wie hier in der Berliner Husemannstraße/ Ecke Wörther Straße.

1948

- 1. Juli: Zusammenlegung der nach Schönebeck verlagerten FAMO Breslauer Fahrzeug- und Motorenwerke GmbH (FAMO) mit den WELTRAD Werke Schönebeck a./E. zu »IFA – Vereinigung volkseigene Fahrzeugwerke Werk Schönebeck«
- 17. August: Die Auto-Union AG wird im Handelsregister Chemnitz gelöscht
- 17. Oktober: Das erste Motorradrennen (Vergleichsrennen) in der Sowjetischen Besatzungszone mit 60 Teilnehmern wird auf dem Schleizer Dreieck gestartet
- Die erste Neukonstruktion in Eisenach, der BMW 340, wird der Öffentlichkeit vorgestellt
- 17. April: Das Framo-Werk wird in einen VEB umgewandelt
- Umbenennung des »Gerätebau Waltershausen« in VEB Fahrzeugwerk Waltershausen
- Eisenach baut auf Befehl der SMAD die AWO 425
- Die Zittauer PHÄNOMEN Phänomen-Werke werden volkseigen

Als Annemarie Pfotenhauer an diesem Morgen die Augen aufschlug, erfasste sie sofort riesige Vorfreude. Nicht ungewöhnlich an einem Geburtstag, doch heute war ein besonderer Tag, an dem aufregend viele erfreuliche Ereignisse zusammenkamen, die auf einem Fakt beruhten: Es war ihr achtzehnter, und somit war sie volljährig. Eine Zeit der großen Unabhängigkeit würde beginnen. Die Liste der Rechte, die sich daraus ergab, war beträchtlich:

Erstens: Sie darf wählen – im Haushalt des Volkspolizisten Pfotenhauer eine stets wahrgenommene staatsbürgerliche Pflicht, den Kandidaten der Nationalen Front die Stimme zu geben.

Zweitens: Sie könnte heiraten – vermutlich zur Freude der Mutter und Großmutter; für Annemarie kein Punkt der aktuellen Lebensplanung, die vorsah, nach dem Abitur im Herbst ein Studium an der Humboldt-Universität aufzunehmen.

Drittens: Sie könnte sich eine Wohnung suchen und ausziehen – angesichts des eklatanten Wohnungsmangels völlig illusorisch. Familie Pfotenhauer bewohnte eine Dreiraum-Neubauwohnung vom Typ WBS 70. Annemarie hatte also ein eigenes Zimmer. Man würde ihr auf der KWV, der Kommunalen Wohnungsverwaltung, nicht mal einen Wohnungsantrag abnehmen. Es sei denn, Punkt 2 käme ins Spiel.

Viertens: Heute war der Tag, an dem sie sich für ein Auto anmelden würde.

Aus der Küche drang das Geräusch klappernden Geschirrs an ihr Ohr. Sicher deckte die Mutter einen Geburtstagsfrühstückstisch. An normalen Tagen nahm sich die Familie nicht die Zeit für ein gemeinsames morgendliches Mahl. Als Annemarie das Wohnzimmer betrat – die Mutter nahm gerade die letzen Tassen von der Durchreiche, um sie nett auf dem Esstisch zu arrangieren –, setzte der Vater zu einer umständlichen Rede an, in der es ähnlich wie in Annemaries frühmorgendlichem Gedankenspiel um Unabhängigkeit, vor allem aber um Verantwortung ging. Zum Glück schloss die Mutter sie einfach in die Arme. »Alles Gute, mein Schatz … Und nun fix, Vater muss zur Arbeit und nimmt dich mit dem Auto mit.«

Annemarie verdrehte die Augen. Wenn so ihre amtlich verbriefte Unabhängigkeit aussah! Natürlich hatten sie in der Familie besprochen, dass sich die Tochter für ein Auto anmelden würde. Die Planung der Autoversorgung war keine einfache Sache und lag deswegen in Vaters Hand. Aktuell sah der Stand so aus, dass die Familie über einen Trabant 601 verfügte, der schon einige Jährchen auf dem Buckel hatte. Pfotenhauer selbst war der eingetragene Fahrzeughalter und

zugleich auf einen neuen Trabant angemeldet. Die Tochter bekäme – vorausgesetzt, er hielte solange durch – den gebrauchten Trabi, wahrscheinlich in vier Jahren, wenn sie ihr Studium beendet hatte. Pfotenhauers konnten mit einigem Glück dann mit dem neuen Trabant rechnen – und würden diese Zeit auch brauchen, um die rund 11 000 Mark dafür hinblättern zu können. Annemarie wiederum würde nach weiteren acht bis zehn Jahren ebenfalls genügend zusammengespart haben, um sich den Trabant leisten zu können, auf den sie sich jetzt anmelden sollte. So hatte es sich der Vater gedacht. Annemarie wollte jedoch unbedingt einen Wartburg.

Vaters Planung aber ging weiter; er entwarf einen Gegenplan. Was nämlich wäre, wenn Familie Pfotenhauer, zum Beispiel, die Oma beerben oder im Tele-Lotto gewinnen würde? Dann könnten sie sozusagen spielend die 17 000 Mark für einen Wartburg aufbringen. Ein Umschreiben der Anmeldung auf einen anderen Autotyp war zwar möglich, verlängerte aber eher die Wartezeit.

Die Gepflogenheit der meisten DDR-Bürger, angesichts langer und ungewisser Lieferzeiten auf alle verfügbaren Verwandten Anmeldungen laufen zu lassen, hatte auch Pfotenhauer sich zu Eigen gemacht. Nie aber hätte er – als Angehöriger der Deutschen Volkspolizei! – damit Handel und Tauschgeschäfte betrieben. Es ging ihm nur darum, für jeden Fall der Fälle gewappnet zu sein. Deswegen war seine Frau auf einen Wartburg angemeldet. Die wiederum ging in ihrem grenzenlosen Optimismus sogar davon aus, dass die Wartezeit

ADN meldet: »23. April 1968. Magdeburg: Der erste Autosalon des Bezirkes wurde kürzlich vom VEB IFA-Vertrieb in Stendal eröffnet. Er beliefert die Kunden in allen acht Kreisen der Altmark, die dadurch in den Genuss einer fachgerechten Beratung und eines individuellen Kundendienstes gelangen.«

So kann's gehen

Im IFA-Vertrieb in Berlin-Schöneweide stehen Tausende DDR-Bürger und warten auf ihren Wartburg. Gegen zehn geht die Tür auf. Ein Abteilungsleiter ruft: »Alle Bürger mit US-Dollar zu mir!« Darauf melden sich etwa 50 Bürger. Alle erhalten ihren Wartburg.
Der IFA-Mann: »Alle mit DM zu mir!« Etwa 100 Leute erhalten ihre Autos.
Nochmals der IFA-Mann: »Alle Parteisekretäre zu mir!« Es melden sich etwa 500 Personen.
Zu denen sagt der IFA-Mann: »So, und ihr erklärt jetzt dem Rest, warum sie ihre Autos nicht kriegen.«

Enkel Peter schreibt stolz seiner Oma im Westen, er hätte sich ein neues Auto gekauft, einen Trabant 601. Darauf antwortet seine Oma: »Junge, musst du immer so übertreiben? Ein 300er Mercedes hätte doch auch gereicht!«

Was bedeutet die Bezeichnung Trabant 601? 600 haben ihn bestellt, einer hat ihn bekommen.

»Nun muss man tatsächlich auf ein Auto nur noch 4 Tage warten.«
»Tatsächlich?«
»Einen Tag Anmeldung und drei Parteitage.«

tatsächlich so lang sein würde, dass auch ohne Lottogewinn bis dahin genug Geld da wäre.

Ausschließen konnte Pfotenhauer, dass die Familie über Genex in den Besitz eines Autos gelangte. Einmal mangels Westverwandtschaft – es gab da niemanden, der ihnen via Genex-Geschenkdienst ein Auto zukommen ließe –, zum anderen war es höchst unwahrscheinlich, durch einen Arbeitsaufenthalt in den befreundeten Nationalstaaten, an der Trasse oder sogar im kapitalistischen Ausland selber ein Devisenguthaben zu erwirtschaften – für Vater Pfotenhauer sowieso, aber auch für Mutter als Verkäuferin im Konsument-Warenhaus –, um selber über Genex ein Auto zu erwerben. Das konnte, wer über die entsprechenden Mittel verfügte, ohne Wartezeit und in freier Wahl unter den Modellen, die auf den Genex-Listen standen. Da gab es den Wartburg 353 für 9 000 bis 11 000 Westmark, je nach Ausstattung; den Trabant 601 als Standardlimousine für 5 200 DM oder den Universal S de Luxe für 7 200 DM. Nicht nur die landeseigene Autoproduktion war aufgelistet, wer tiefer in die Tasche greifen konnte, hatte die Wahl unter Lada, Peugeot 309, Renault R9, VW Passat und Golf und sogar 3er BMW. Wer auf diesem Weg ein Auto erwarb, musste auch für alle zukünftigen Werkstattarbeiten harte D-Mark berappen.

Mit einer bevorzugten Belieferung, die es für bestimmte Bevölkerungsgruppen gab, beispielsweise für verdiente Künstler und Wissenschaftler, Mitarbeiter der Wismut, auch für Angehörige der NVA und der Polizei, konnten Pfotenhauers ebenfalls nicht rechnen. Das galt doch nicht für einen kleinen Verkehrspolizisten! Und da ein gebrauchter Wagen meist zu einem höheren Preis als ein Neuwagen gehandelt wurde – von doppelten, ja dreifachen Summen des Neuwertes hörte man, und das geflügelte Wort, man habe an seinem Auto zweimal große Freude, einmal beim Kauf, das andere Mal beim Verkauf, kannte jeder –, lag hier auch keine Alternative. Soweit zur Situation in der Familie.

Annemarie fügte sich in ihr Schicksal und fuhr mit dem Vater zur IFA-Vertriebsstelle. Sie versuchte es noch einmal. »Das schaffe ich doch alleine, mein Perso ist hier.« Sie hielt den blauen Personalausweis hoch, um ihrem Vater zu zeigen, dass sie an alles gedacht hatte. Doch Pfotenhauer ließ sich nicht abwimmeln.

Annemarie wurde die Bestellkarte des VEB IFA-Vertrieb ausgehändigt. Sie trug ihren Namen und ihre Anschrift ein, ihre Personalausweisnummer und das Geburtsdatum. Das Feld soziale Stellung bot »Angestellter, Arbeiter, Handwerker, Genossenschaftsbauer, Intelligenz, Sonstige« an. Sie entschied sich für »Sonstige« und versah die Karte mit Datum und Unterschrift. Die wichtigste Information stand noch aus: Bestellter PKW (Fabrikat, Typ). Tochter und Vater wechselten einen Blick. Annemarie Pfotenhauer war ein cleveres Mädchen. Brav schrieb sie »Trabant« in die dafür vorgesehene Spalte.

Der Geburtstagskuchen war gegessen, die Party mit den Freunden am Wochenende gelaufen, da ging Annemarie – zu Fuß und ganz allein – erneut zur Anmeldestelle. Sie ließ sich das von ihr vor vier Tagen ausgefüllte Formular aushändigen. In der obersten Zeile stand nicht nur VEB IFA-Vertrieb, sondern auch PKW-

1. Bestellung
2. Veränderung

Sie änderte ihre Bestellung in »Wartburg Tourist«. Die Frau hinterm Tresen stempelte alles ordnungsgemäß ab, nicht ohne zu bemerken, dass sie ihre Zweifel habe, ob die junge Dame angesichts ihrer Sprunghaftigkeit überhaupt schon reif zum Führen eines Pkw sei …

Annemarie lächelte in sich hinein und freute sich über ihren ersten amtlichen Akt der Unabhängigkeit.

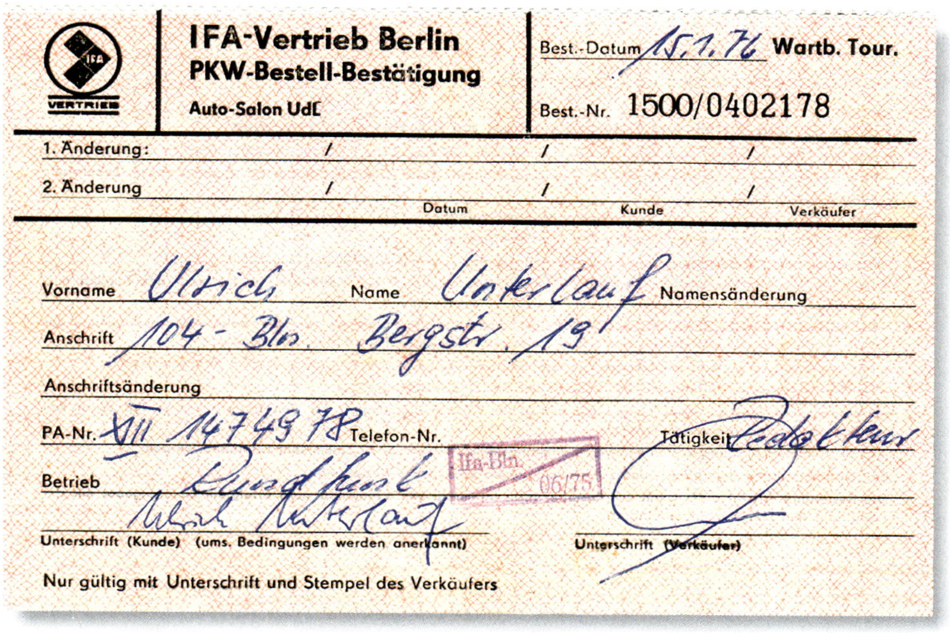

IFA-Vertrieb Berlin
PKW-Bestell-Bestätigung
Auto-Salon UdL

Best.-Datum 15.1.76 Wartb. Tour.
Best.-Nr. 1500/0402178

1. Änderung: / / /
2. Änderung / / /
Datum Kunde Verkäufer

Vorname Ulrich Name Unterlauf Namensänderung
Anschrift 104 - Bln. Bergstr. 19
Anschriftsänderung
PA-Nr. VII 147478 Telefon-Nr. Tätigkeit Redakteur
Betrieb Rundfunk
Unterschrift (Kunde) (ums. Bedingungen werden anerkannt) Unterschrift (Verkäufer)
Nur gültig mit Unterschrift und Stempel des Verkäufers

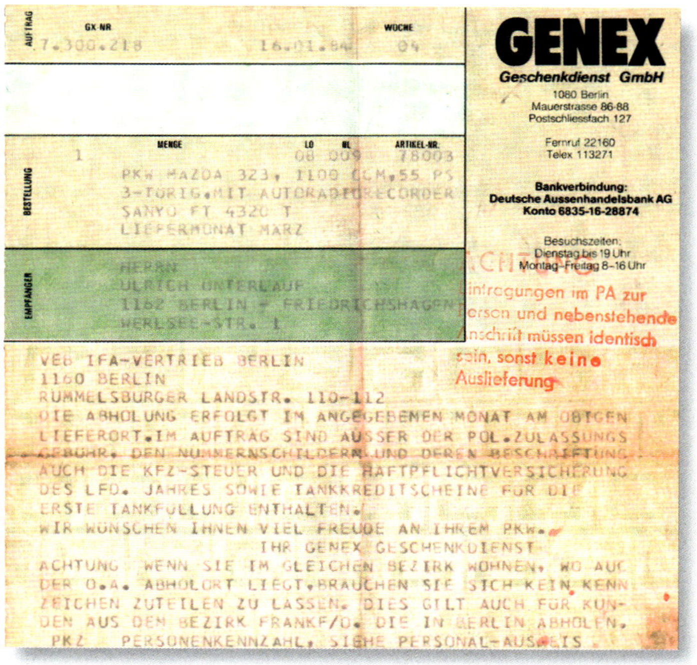

AUFTRAG GX-NR WOCHE
7.300.218 16.01.84 04

GENEX Geschenkdienst GmbH
1080 Berlin
Mauerstrasse 86-88
Postschliessfach 127
Fernruf 22160
Telex 113271
Bankverbindung:
Deutsche Aussenhandelsbank AG
Konto 6835-16-28874
Besuchszeiten:
Dienstag bis 19 Uhr
Montag–Freitag 8–16 Uhr

BESTELLUNG MENGE LO BL ARTIKEL-NR.
1 08 009 78003
PKW MAZDA 323, 1100 CCM,55 PS
3-TORIG.MIT AUTORADIORECORDER
SANYO FT 4320 T
LIEFERMONAT MARZ

EMPFÄNGER
HERRN
ULRICH UNTERLAUF
1162 BERLIN - FRIEDRICHSHAGEN
WERLSEE-STR. 1

Eintragungen im PA zur Person und nebenstehende Anschrift müssen identisch sein, sonst keine Auslieferung

VEB IFA-VERTRIEB BERLIN
1160 BERLIN
RUMMELSBURGER LANDSTR. 110-112
DIE ABHOLUNG ERFOLGT IM ANGEGEBENEN MONAT AM OBIGEN LIEFERORT.IM AUFTRAG SIND AUSSER DER POL.ZULASSUNGSGEBUHR. DEN NUMMERNSCHILDERN UND DEREN BESCHRIFTUNG AUCH DIE KFZ-STEUER UND DIE HAFTPFLICHTVERSICHERUNG DES LFD. JAHRES SOWIE TANKKREDITSCHEINE FUR DIE ERSTE TANKFULLUNG ENTHALTEN.
WIR WUNSCHEN IHNEN VIEL FREUDE AN IHREM PKW.
IHR GENEX GESCHENKDIENST
ACHTUNG WENN SIE IM GLEICHEN BEZIRK WOHNEN, WO AUC DER O.A. ABHOLORT LIEGT.BRAUCHEN SIE SICH KEIN KENNZEICHEN ZUTEILEN ZU LASSEN. DIES GILT AUCH FUR KUNDEN AUS DEM BEZIRK FRANKF/O. DIE IN BERLIN ABHOLEN.
PKZ PERSONENKENNZAHL, SIEHE PERSONAL-AUSWEIS.

Anmeldung für einen Wartburg Tourist von 1976.

Mitteilung vom Genex-Geschenkdienst über die Auslieferung eines Mazda.

Post nach elf Jahren Wartezeit: Mitteilung über Änderung der Wohnanschrift.

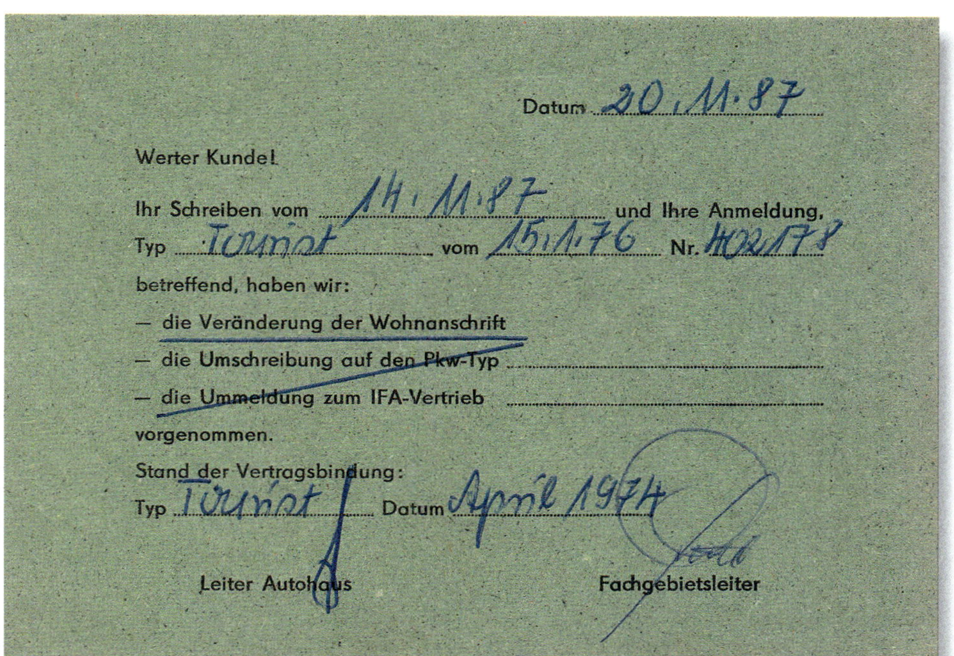

Datum 20.11.87

Werter Kunde!

Ihr Schreiben vom 14.11.87 und Ihre Anmeldung,
Typ Tourist vom 15.1.76 Nr. 402178
betreffend, haben wir:
– die Veränderung der Wohnanschrift
– die Umschreibung auf den Pkw-Typ
– die Ummeldung zum IFA-Vertrieb
vorgenommen.
Stand der Vertragsbindung:
Typ Tourist Datum April 1974

Leiter Autohaus Fachgebietsleiter

So kann's gehen

Kommt ein Mann zum IFA-Vertrieb, um einen Wartburg zu bestellen.
»Ich hätte gerne einen Wartburg.«
»Kein Problem!«
»Mit Sechszylinder und Einspritzanlage?«
»Kein Problem!«
»Mit Front- und Heckspoiler?«
»Kein Problem!«
»Tiefer gelegt?«
»Kein Problem!«
»Sportsitze?«
»Kein Problem!«
»Radio mit Verstärker?«
»Kein Problem!«
»Alufelgen und Sportauspuff?«
»Kein Problem!«
»Wann können Sie liefern?«
»Morgen!«
»Wollen Sie mich verarschen?«
»Wer hat denn damit angefangen?«

Ein Mann geht in Rostock ins IFA-Büro, wo er sich für ein Auto anmelden kann. Er füllt den Anmeldeschein aus; es soll ein Wartburg sein. Er gibt den Schein ab. Der Bearbeiter sagt zum Schluss: »Sie können dann in etwa 12 Jahren Ihren Wartburg abholen.« Fragt der Mann zurück: »Soll ich vormittags oder nachmittags kommen?«

Not macht erfinderisch

Nr.00003*

Denn die Verhältnisse, sie sind nicht so …

O.U., den 28. 11. 19 89

Autor: Thomas Heubner

Wo bekommt man welches Ersatzteil? Eine existenzielle Frage für jeden Autobesitzer in der DDR. Offiziell in den »Fachfilialen des VEB IFA-Vertriebs für typengebundene Kfz-Ersatz- und Alt-Ersatzteile sowie das Regenierungsprogramm«. Der meist schnellere Weg geht über den privaten Tauschhandel sowie gute Beziehungen zur Kfz-Werkstatt. Auf dem Foto: Ersatzteil-Paradies im Jahr 2009 beim Trabi-Treffen in Anklam.

Der Trabant wird jetzt mit zwei Auspuffrohren geliefert.
Warum?
Wenn der Trabi kaputt geht, kommen hinten zwei Stangen rein und man kann ihn als Schubkarre verwenden.

Der Pannenhelfer zum Trabifahrer: »Klarer Fall. Sie sind zu schnell gefahren und dabei hat der Wind die Zündkerzen ausgeblasen.«

Eigentlich müsste ich inmitten unserer sozialistischen Menschengemeinschaft glücklich und zufrieden sein. Aber die Verhältnisse, sie sind nicht so. Damit meine ich weniger die Produktionsverhältnisse im Allgemeinen, sondern mehr die Autoreparaturverhältnisse im Speziellen.

Sicher, keiner hat mich genötigt, dass ich mir privat ein Auto zulege. So grausam ist die Diktatur des Proletariats nun auch nicht. Ich hätte getrost wie die 35 Jahre zuvor weiterhin Straßenbahn, Bus, U-Bahn, Reichsbahn und hin und wieder ein Taxi benutzen können. Aber Annemarie, meine resolute und zielstrebige Frau, überzeugte mich damals, dass die Zeit reif wäre für einen eigenen Wagen. Leider hatten sich ihre Hoffnungen auf den alten Familien-Trabant zerschlagen. Ihr Vater – der Volkspolizist! – hatte das Auto vor einen Baum gesetzt. Nun lag sie mir in den Ohren: Wie schön wäre es, mit dem Kind am Wochenende einfach raus ins Grüne zu fahren, zum Campingurlaub an die Ostsee, an den Feiertagen zu den Eltern und Schwiegereltern nach Leipzig und dabei das viele Gepäck einfach in den Kofferraum schmeißen. Was soll's – ich ließ mich überreden. Annemaries Anmeldung beim IFA-Vertrieb war zwar acht Jahre alt, aber zwei Jahre würden wir uns noch gedulden müssen. Wir entschieden, einen gebrauchten Trabi zu kaufen.

Annemarie verdient zwar als Lehrerin auch nicht viel weniger als ich, der ich als promovierter Germanist in einem Verlag als Lektor arbeite. Aber mit knapp 2000 Mark zusammen kann man keine großen Sprünge machen, will man einen zehn Jahre alten Trabi für 7000 Mark kaufen. Und das war noch ein Vorzugspreis, zu dem mir ein Kollege das Auto verkaufte.

Zu Hause war die Begeisterung riesig. Gleich nach Feierabend fuhren wir stolz zum Einkaufen zur Wohngebietskaufhalle und dann mit den Kindern zum Pioniertheater an der Lichtenberger Parkaue.

Leider wurde unsere Freude rasch gedämpft. Schon am nächsten Wochenende, auf der Jungfernfahrt zu den Schwiegereltern, war nach ein paar Autobahnkilometern Schluss. Der Trabi tuckerte und rollte dann sprachlos auf den Standstreifen. Ich versuchte mehrfach, ihn zu starten – nichts. Dann öffnete ich die Motorhaube, was aber angesichts meiner handwerklichen Qualifikation sinnlos war. Ich rüttelte an Kerzen und Kerzensteckern, überprüfte den Bezinstand im Tank, rupfte am Keilriemen – nichts. Auch das Studium der Betriebsanleitung und des Reparaturhandbuches »Ich fahre einen Trabant« brachte kein Ergebnis. Anschließend versuchten wir es mit Anschieben. Annemarie und die Kinder mit aller Kraft hinten am Kofferraum, ich am Steuer. Bereits beim dritten Versuch merkte ich, dass es besser ist, die Handbremse zu lösen. Zündung an, zweiten Gang einlegen, Kupplung durchtreten und dann langsam

»Und dabei habe ich nur gesagt, wenn er schneller bedient sein will, soll er die Scheiben selber mit etwas Papier abdecken.«

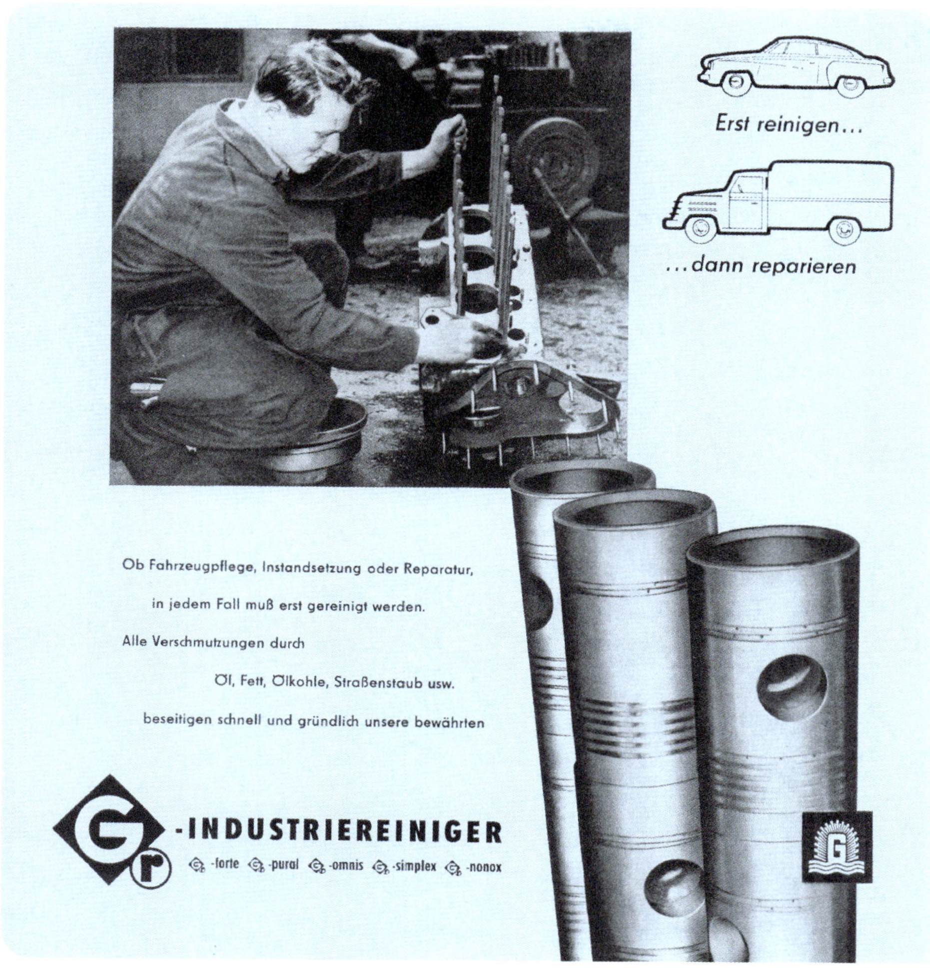

Denn die Verhältnisse, sie sind nicht so ...

Ein Mann fährt mit einem total verbeulten Polski Fiat an der Tankstelle vor und sagt: »Waschen bitte!«
Fragt der Tankwart: »Soll ich ihn auch bügeln?«

kommen lassen. Bis auf ein kurzes Motorstottern – wieder nichts. Nach zwei, drei Kilometern gaben wir erschöpft auf.

Plötzlich hielt mit quietschenden Reifen ein Wartburg vor uns. Der Fahrer stieg aus und fragte, ob er helfen könne. Da ich vorher kein Autobesitzer gewesen war, kannte ich die Solidarität der DDR-Bürger nur von den Kampagnen zur Freilassung von Angela Davis und Luis Corvalán. Und nun durfte ich es selbst erfahren! Der Wartburgfahrer war auch kein Technikexperte, wollte es aber wenigstens mit An- und Abschleppen versuchen.

Ich holte mein Abschleppseil aus dem Kofferraum, und wir befestigten es an unseren Wagen. Er fuhr an, das Seil spannte – und riss. Zum Glück hatte mein Helfer ebenfalls ein Abschleppseil parat. Das neuerliche Anfahren klappte prima, dann knirschte es. Der Wartburg fuhr mit der vorderen Stoßstange meines Trabis im Schlepptau ein paar Meter weiter. Irgendwie schafften wir es dann, die abgebrochene Stoßstange im Auto zu verstauen und das Seil am Unterboden meines Autos zu befestigen.

Ohne weitere dramatische Zwischenfälle schleppte er uns zurück nach Berlin bis vor unsere Wohnung. Ich wollte mich bei meinem Pannenhelfer bedanken und ihm als Dankeschön ein Pfund, also einen 20-Mark-Schein, zustecken, doch er winkte großherzig ab. Verdutzt fragte ich ihn: »Du bist so gut zu mir, bist du etwa in der Partei?« Doch er lächelte nur verschämt, setzte sich in seinen Wartburg und düste los.

Während Annemarie traurig das Gepäck in die Wohnung trug, versuchte ich mich nochmals am Motor. Mein törichtes Unterfangen wurde erst unterbrochen, als Peter Jakob, mein Nachbar, mich unsanft beiseite schob. Der Mann war Lkw-Fahrer im Wohnungsbaukombinat, ich ließ ihn gewähren

1949

✗ 24. Juli: Das Stralsunder Bäderrennen gibt den Auftakt für die erste Rennsportsaison in der Sowjetischen Besatzungszone

✗ 5. September: Freigabe des Motorradwerkes Zschopau für die Motorradproduktion durch die SMAD; Ausstellung von 3 RT 125 auf der Leipziger Frühjahrsmesse

✗ 18. September: 16. Schleizer Dreieckrennen mit 160 000 Zuschauern (mit 56 Lizenzfahrern und 140 Ausweisfahrern)

✗ Gründung der ersten volkseigenen Verkehrsbetriebe

✗ In Eisenach wird die Serienproduktion des BMW 340 aufgenommen

✗ In Zwickau wird bei Audi in kleinen Stückzahlen wieder der beliebte Vorkriegs-Kleinwagen DKW F 8 als IFA F 8 produziert

✗ 1. Juli: Framo in Hainichen wird volkseigen und nennt sich »IFA Vereinigung Volkseigener Fahrzeugwerke – Werk FRAMO Hainichen/Sa.«

✗ 1. Oktober: Framo nimmt die Fahrzeugproduktion wieder auf mit dem Bau des Transporters V 501/2

und holte nur von oben einen Kasten Bier. Als ich wieder unten am Auto war, lag er unter der Karre und fummelte hinter dem rechten Vorderrad herum. Nach fünf Minuten kroch er hervor und murmelte etwas vom völlig verkeimten Unterbrecher und dass die Unterbrecherkontakte hinüber wären. Ich verstand nur Bahnhof, folgte aber seiner Anweisung, den Wagen mit gezogenem Shoke zu starten. Ein Wunder geschah, der Trabi sprang an! Bei der Probefahrt ums Karree summte er wie ein Bienchen, nur aus dem Auspuff drang eine dichte graublaue Qualmwolke. »Das macht nichts«, beruhigte mich Peter Jakob, »damit kommst du auf alle Fälle bis zur Werkstatt.«

Am nächsten Tag stand ich im Morgengrauen vor der Werkstatt an der Leninallee in Hohenschönhausen. Es war meine Premiere, ich zitterte vor Aufregung am ganzen Leib. Wusste ich doch aus Erzählungen von Verwandten, Kollegen und Freunden, wie kompliziert und aufwendig der Umgang mit den Dienstleistern aus dem Autoreparaturgewerbe sein kann. Diese engelhaften Samariter müssen in ihrem segensreichen Wirken stets unterstützt werden, soviel wusste ich. Aber womit, das war für mich die Frage. Was konnte ich ihnen schon bieten, damit sie mir ihre Hilfe angedeihen ließen? Meine Dissertation über jambische Rhythmen in Schillers Balladen taugte nichts im Vergleich zu anderen Handwerkerleistungen. Und einfach 20 oder 50 Mark Trinkgeld rüberschieben, das war mir zu profan. Nach gründlichem Überlegen packte ich die drei Winnetou-Bände ein, die unser Verlag kürzlich herausgebracht hatte und die es trotz gigantischer Auflagenhöhe im Volksbuchhandel nur unterm Ladentisch zu kaufen gab. Karl May wäre genau das Richtige, dachte ich mir, um den Kundendienst freundlich zu stimmen.

Die Bücher offen auf dem Rücksitz, fuhr ich also auf den Werkstatthof und reihte mich in die lange Schlange der Wartenden ein. Nach gut drei Stunden kam ich schon dran, ein Annahme-Meister schritt mit mir zum Auto. Er machte die Motorhaube auf, startete den Trabi, kratzte sich besorgt am Hinterkopf und meinte versiert, dass ich einen neuen Unterbrecher bräuchte.

Bei dieser fachkundigen Diagnose hüpfte mein Herz vor Wonne. Freudig erregt reichte ich dem Mann die Bücher, stammelte ein Danke und fragte, ob ich den Wagen gleich hier lassen könnte.

Herr Schrauber, der Annahme-Meister, schüttelte bedauernd den Kopf. Man habe keine Unterbrecher vorrätig. Aber wenn ich so ein Ding besorgen und mitbringen würde, könne ich sofort kommen und sie würden das Teil innerhalb einer Stunde auswechseln. Und dann fragte er mich noch zielgerichtet, ob ich etwas mit dem Volksbuchhandel oder dem Verlagswesen zu tun habe. Ich nickte dienstbeflissen,daraufhin wollte er von mir wissen, ob ich ihm »Mein Name sei Gantenbein« von Max Frisch besorgen könne. Donnerwetter, ein Intellektueller in einer Reparaturwerkstatt! Natürlich konnte ich. Im Laufe der Zeit

besorgte ich ihm auch Sartre, Updike und Freud. Der Beginn einer wunderbaren Beziehung, dank meines einzigen Privilegs, als Verlagsmitarbeiter gefragte Bücher aus DDR-Verlagen mittels Vorbestelldienst mit Rabatt beziehen zu können.

Herr Schrauber und ich wurden schnell ein eingespieltes Kollektiv.

Während einer Mittagspause erstand ich im IFA-Salon Unter den Linden sogar einen Unterbrecher für einen Trabant, staunte über das kleine Gerät und ließ es mir dann in der Werkstatt einbauen. So funktionierte es fast immer.

Gewitzt durch die Erfahrung, legte ich mir sicherheitshalber einen Vorrat an Autoersatzteilen an. Im Keller lagerte ich Kerzenstecker, Luftfilter, Keilriemen, Kotflügel, Stoßstangen, Schmutzfänger, Zylinderkopfdichtungen und vieles mehr. Da ich ständig Autoren besuchen musste, kam ich viel im Land rum. In jeder Bezirks- und Kreisstadt durchforstete ich die Ersatzteilläden nach Brauchbarem, mit manchen Verkäufern duzte ich mich bald. Gab es was Besonders und stand eine lange Schlange an, wechselte ich mich mit Bekannten beim Warten ab. Nie werde ich das Glücksgefühl vergessen, als ich einmal in dem Laden in der Klement-Gottwald-Allee in Weißensee eine fabrikneue Auspuffanlage entdeckte. Einfach so zum Kaufen und Mitnehmen! Ein Geschenk des Himmels! Unter den neidischen Blicken zahlreicher Passanten trug ich den Auspuff zum Wagen.

Oder in Gera, in der Straße der Republik. Ein Kunde fragte nach vier Artikeln, darunter ein Regler. Die nette Verkäuferin schüttelte jedesmal den Kopf. Dasselbe auch bei mir, als ich eine Tachowelle verlangte. Draußen vor dem Laden sah ich den Mann aus der Schlange wieder. Er tat mir ein bisschen leid, und da ich im Kofferraum einen neuen Ersatzregler liegen hatte, bot ich ihm diesen großzügig an. Der Zufall wollte es, dass er eine Tachowelle besaß. So wurden wir uns schnell handelseinig.

Überhaupt entwickelte ich mich rasch zum gewieften Autofahrer. Ich meldete mich lange im Voraus zu Re-

Denn die Verhältnisse, sie sind nicht so …

Selbst ist der Mann. Autoreparatur auf der Straße.

Anfrage an Sender Jerewan: Stimmt es, dass in den USA jeder Einwohner ein Auto hat? Antwort: Im Prinzip ja, aber bei uns hat dafür jeder einen Parkplatz!

Gerichtsverhandlung nach einem Autounfall: Der Anwalt des schuldigen Lada-Fahrers fragt den Kläger: »Ist es richtig, dass Sie nach dem Unfall meinem Mandanten gesagt haben, sie seien nicht verletzt?«
»Natürlich habe ich das gesagt, aber dazu müssen Sie wissen, wie sich die Sache abgespielt hat: Also, ich reite mit meinem Gaul ruhig die Dorfstraße entlang. Da kommt das Auto aus Richtung Neubrandenburg angerast und wirft uns in den Graben. Das war vielleicht ein Durcheinander, das können Sie sich nicht vorstellen. Ich lag auf dem Rücken, die Beine in die Luft – und mein braves altes Pferd auch. Da steigt der Fahrer aus, kommt auf uns zu und sieht, dass mein Pferd sich ein Bein gebrochen hat. Darauf zieht er wortlos eine Pistole und erschießt es. Danach sieht er mich an und fragt: ›Sind sie auch verletzt?‹ – Nun frage ich Sie, Herr Rechtsanwalt, was hätten sie geantwortet?«

paraturterminen an, obwohl nichts kaputt war. Und kaum war ich aus einer Vulkanisierwerkstatt herausgefahren, bestellte ich fünf runderneuerte Reifen. Und selbstverständlich baute ich im Winterhalbjahr, wenn die Temperaturen unter null Grad fielen, die Autobatterie aus, goss destilliertes Wasser nach und hängte sie ans Ladegerät vom Typ »Ladefix 4«.

Leider gab es auch einige deprimierende Erlebnisse.

So in der Fachverkaufsstelle in Bad Düben. Ich fragte nach einem kleinen Ersatzteil, der Verkäufer ging nach hinten ins Lager und kam kopfschüttelnd zurück. Dann fiel mir noch ein zweiter Kaufwunsch ein. »Ich hab doch meine Beene nicht in der Lotterie gewonnen!«, entgegnete mir der Mann schlagfertig. Schüchtern fragte ich: »Aber einmal werden Sie doch noch nachsehen können?« Worauf mich der Verkäufer aufklärte: »Nee, bei mir müssen Sie schon vorher wissen, was Sie ham wolln. Gucken Sie sich Ihr Auto gefälligst vorher genau an, damit Sie wissen, was Sie brauchen und mich nicht nerven!«

Schwierig war es auch, sich auf die Sensibilität der verschiedenen Werkstätten einzustellen, wenn ich mal unterwegs eine Panne hatte. Beispielsweise brach mir in Weimar das Gelenk des linken Radantriebs. Der diensthabende Mechaniker des Reparatur-Bereitschaftsdienstes am Friedrich-Engels-Ring schickte mich aber wieder weg, weil er das fehlende Ersatzteil nicht hatte. Mit Hilfe meines Weimarer Autors gelang es mir, das Stück über Nacht zu ergattern. Mit dem Gelenk in der Hand stand ich am nächsten Morgen in der Werkstatt. Abermals musste ich unverrichteter Dinge abziehen. Es wäre eine zu große Reparatur, die könne man nicht schwupp-die-wupp erledigen, wurde mir beschieden. Aber ich könne einen Termin für die nächste Woche haben.

Lehrreich ging es auch in der PGH Kfz-Vertragswerkstatt in Neuenhagen zu, in die ich den Dienstwagen unseres Verlages schieben musste. Bei dem Wartburg war der Kühlwasserschlauch defekt, und ich wollte ihn als Unterwegshilfe auswechseln lassen. Ohne Umschweife erklärte sich der Meister bereit, ein kaputtes Teil am Kühler anzulöten. Ich musste nur den Kühler ausbauen, erhielt einen neuen Kühlschlauch und Schlauchband und durfte den Kühler eigenhändig wieder einbauen. Die hilfsbereiten Kollegen reichten mir dann sogar eine Gießkanne voll Wasser. Zufrieden fuhr ich vom Hof, nachdem ich die Rechnung beglichen hatte, inklusive der Arbeitsleistung von 34,80 Mark.

In meinen Grundfesten erschüttert wurde ich allerdings, als sich die Lenksäule meines Trabis mir mit jeder Fahrt immer weiter entgegenschob. Als ich mich kaum noch hinters Steuer quetschen konnte, kam mir die Sache komisch vor, und ich fuhr in die Werkstatt. Meister Kroll genügte ein Blick. »Klarer Fall, das Geweih ist im Eimer.« Ich schaute ihn verständnislos an und ließ mich aufklären, dass der vordere Querträger des Autos völlig durchrostet und gebrochen sei, man mit Schweißen nichts mehr retten könne. So ein neues Ding müsse eingebaut werden, bis dahin sei mein Wagen nicht mehr betriebs- und verkehrssicher. Und wie üblich hätte die Werkstatt kein Geweih auf Lager, ich müsse also wieder selbst in die Spur gehen.

Wochen- und monatelang war ich mit nichts anderem beschäftigt, als in der ganzen Republik nach einem Querträger zu fahnden. Keine Chance. Ich hätte auch in der Spree nach Gold-Nuggets schürfen können.

Die Erlösung kam in Form einer Karte vom VEB IFA-Vertrieb. Ich könne nächste Woche den vor Jahren bestellten Neuwagen abholen. Ich hatte überhaupt nicht mehr daran gedacht, schon gar nicht daran, dass Annemarie die Bestellung von einem Wartburg auf einen Saporoshez geändert hatte, weil man auf den sowjetischen Kleinwagen nicht ganz so lange warten muss. Ich ließ also unseren alten Trabi verschrotten, verkaufte den Kfz-Brief und kratzte das übrige Geld für die 12 000 Mark für den ZAZ 969 zusammen.

Sicher, der »Sappo«, wie ich ihn liebevoll nannte, war nicht jedermanns Geschmack. Höhnisch nannten man-

Denn die Verhältnisse, sie sind nicht so …

Lehmann schiebt mit letzter Kraftanstrengung seinen Wartburg zur Werkstatt. »Die Mühle springt mal wieder nicht an«, kommentiert er atemlos, »aber diesmal kann's nicht an den Kerzen liegen … die hab ich schon gestern rausgenommen!«

Zwei Trabis sind zusammengestoßen: dreizehn Todesopfer! Die beiden Fahrer starben auf der Stelle, elf weitere kamen beim Kampf um die Ersatzteile ums Leben.

1950

- *In Zwickau wird der IFA F9 mit Stahlkarosse produziert*
- *Im Motorradwerk Zschopau läuft das Motorrad DKW RT 125 vom Band*
- *Fertigungsbeginn des Traktors »Pionier«*

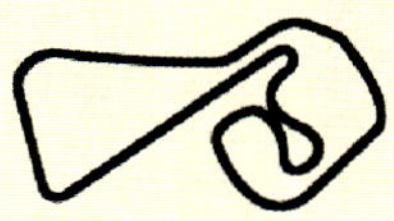

- *27. August: Sachsenringrennen mit über 400 000 Zuschauern (einziger gesamtdeutscher Meisterschaftslauf)*

1951

- *1. März: Gründung der Industriewerke IWL in Ludwigsfelde*
- *Auf der Leipziger Frühjahrsmesse stellt das IFA-Werk Horch, Zwickau, erstmals ein Funktionsmuster des Lkw H 6 vor; parallel wird der Lkw H 3 A als Sattelzugmaschine entwickelt*
- *1. Juli: Paul Greifzu siegt beim Internationalen Avus-Rennen in Berlin*
- *Das Sachsenringrennen zählt erstmalig zur DDR-Meisterschaft*

che das Gefährt »Europapanzer«, »Russenbuckel«, »Zappelfrosch«, »Soljankaschüssel«, »Taigatrommel« oder »Chruschtschows letzte Rache«. Andere verpassten ihm den Spitznamen »Volksfiatowitsch«, weil der Wagen der ukrainischen Autobauer aus dem »Kommunard-Werk« in Saporo-shje dem kleinen Fiat 600 ähnelte. Mir war das egal. Das Auto war robust, machte – einmal in Schwung gekommen – seine 100 Sachen, und seine Heizung funktionierte einwandfrei, weil sie unter den harten klimatischen Bedingungen des sibirischen Winters getestet war.

Jedenfalls bin ich mit dem »Sappo« recht gut gefahren. Zufrieden war ich auch damit, dass ich nach der Anleitung des Serviceheftes vieles selbst machen konnte, zum Beispiel Ventile und Bremsen einstellen oder Achsen, Bremszylinder und Tank wechseln.

Nach vier Wochen aber stellte ich Mängel fest: An manchen Stellen der Karosserie blätterte der Lack ab, und man konnte darunter Rost sehen. Schnurstracks fuhr ich mit dem Auto in die Allee der Kosmonauten zur IFA-Vertragswerkstatt, um meine Garantieansprüche anzumelden. Aber Herr Schrauber, der Annahme-Meister, den alle anderen Kunden mit Handschlag begrüßt hatten und der daraufhin sofort seine Hand in die Kitteltasche steckte, stakste nur um das Auto herum und nuschelte etwas von Importlack und fehlender Karosseriekapazität. Ich wurde auf die Warteliste gesetzt.

Nach zwei Jahren wie auf die Folter gespannt, war meine revolutionäre Geduld arg überstrapaziert. Ich setzte mich hin und schrieb eine Eingabe an den Imperhandel, jene DDR-Firma, welche für den Verkauf von Importautos zuständig ist. Nach zwei Wochen erhielt ich den Zwischenbescheid, dass man sich meiner Angelegenheit widmen werde. Dann herrschte monatelanges Schweigen im Wald, bis wir in die Sommerferien fuhren. Nach vier Wochen Erholung wieder zu Hause, fand ich dort eine Benachrichtigung meiner Vertragswerkstatt. Allerdings lag der Termin schon um zwei Wochen zurück. Erwartungsvoll rief ich trotzdem in der Werkstatt an. Doch Herr Schrauber teilte mir empört mit, dass an besagtem Tag ein Vertreter von Imperhandel mit zwei sowjetischen Ingenieuren aus Saporoshje vergeblich auf mich gewartet hätte, um mein Auto zu inspizieren. Ich hätte es also nicht anders gewollt, nun könne er mir auch nicht mehr so schnell helfen. Und außerdem sei mein Garantieanspruch erloschen. Mir blieb nichts anderes übrig, als mich gebührend

dafür zu entschuldigen, dass ich ihm und seinen Kollegen solche Unannehmlichkeiten bereitet hatte.

Seitdem grüble ich ständig über mein Fehlverhalten nach. Das Autofahren habe ich drastisch eingeschränkt, greife dafür öfters wieder zu einem guten Buch. Manchmal streiche ich mir beim Lesen gute Sätze an. Zum Beispiel bei Marx: »Das Sein verstimmt das Bewusstsein.«

Denn die Verhältnisse, sie sind nicht so …

Ein DDR-Bürger schreibt an Erich Honecker: »Werter Genosse Staatsratsvorsitzender, wenn ich nicht innerhalb von vier Wochen einen neuen Auspuff für meinen Wartburg bekomme, hänge ich mich auf.« Die Antwort kommt prompt: »Lieber Genosse, hängen Sie sich lieber gleich auf, denn ich kann Ihnen nicht garantieren, dass es in vier Wochen noch einen Strick gibt.«

»Einen Moment mal«, ruft der Polizist, »diese abenteuerliche Blechruine, mit der Sie so herumrasen, nennen Sie doch wohl nicht ein Auto?« »Aber nein, Herr Wachtmeister, wenn es so wäre, hätte ich bestimmt schon längst einen Führerschein gemacht!«

Fährst du noch oder wohnst du schon?

Nr. 00004*

Im Klappfix zwischen Bastei und Bad Düben

O.U., den 28. 11. 1989

Autor: Thomas Heubner T.H.

»Urlaub machen kann jeder, Camping ist Charaktersache!« Wohnwagen beim Wintercamping in Altenberg im Erzgebirge 1986.

Ein Wartburgfahrer wird von einer Verkehrsstreife gestoppt. »Was ist denn mit Ihren Rücklichtern los?«, erkundigt sich eine Polizist. Der Fahrer steigt aus, umrundet seinen Wagen, wird kreidebleich und fällt fassungslos auf die Knie. »Nun übertreiben sie mal nicht«, lächelt der Polizist, »ich will doch nur wissen, was mit dem Rücklicht ist.« »Was interessieren mich denn die Rücklichter!«, brüllt da der Fahrer verzweifelt auf. »Wo zum Teufel ist mein Wohnwagen?!«

Mitternachts brannte noch Licht im Wohnzimmer. Wie Lenin im Kreml legte Werner Sparmann den Finger auf jeden Posten, ging noch einmal Zeile für Zeile die Checkliste durch. Nein, er hatte nichts vergessen, an alles war gedacht. Sämtliche Gerätschaften und Utensilien waren verstaut. Am nächsten Tag könnten sie beruhigt losfahren in den Sommerurlaub – Werner Sparmann mit seiner Frau und den drei Kindern.

Zufrieden lehnte er sich in seinem Sessel zurück. Nichts geht doch über eine gute und gründliche Planung, sowohl in der Volkswirtschaft als auch in der Familie, dachte er und nahm nochmals sein Merkblatt zur Hand.

Für die lange Autofahrt von Gera nach Dranske auf Rügen war er gut gerüstet. Seinem Trabant konnte eigentlich nichts passieren, da er alle Ersatzteile im Kofferraum ordentlich verpackt hatte, wie sie alphabetisch geordnet auf der Liste standen: Abschleppseil, Auspuffgummis, Behelfswindschutzscheibe, Bowdenzüge, Benzinschlauch, Blinkgeber, Bremsbacken, Ersatzrad, Glühbirnen, Hauptbremszylinder, Kabelschuhe, Kanis-ter, Keilriemen, Krümmer, Krümmerdichtungen, Kupplungsautomat, Lichtmaschine, Lötkolben und -zinn, Luftpumpe, Politur, Querlenker vorn, Radbremszylinder, Sanikasten, Scheibenwischer, Schneeketten, Sicherungen, Tankdeckel, Unterlegkeil, Vergaser, Warndreieck, Zündkerzen und Zylinderkopfdichtungen. Auch die Campingsausrüstung schien vollständig zu sein: Kinderzelt, Schlafsäcke, Luftmatratzen, Kocher, Alutöpfe, Plastegeschirr, Wasserkanister und vor allem die »Bombitschka«, die frischgefüllte Zwei-Kilo-Propangasflasche.

Anfahrt und Transport würden diesmal kein Problem sein. Nicht wie vor einigen Jahren, als sie noch kein Auto besaßen, im Betriebsferienheim der Wismut in Binz Urlaub machten und den Schrankkoffer mit den Klamotten für die fünfköpfige Familie Tage vorher

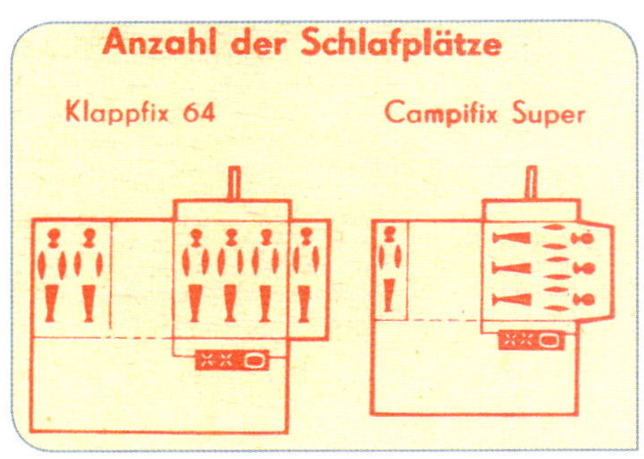

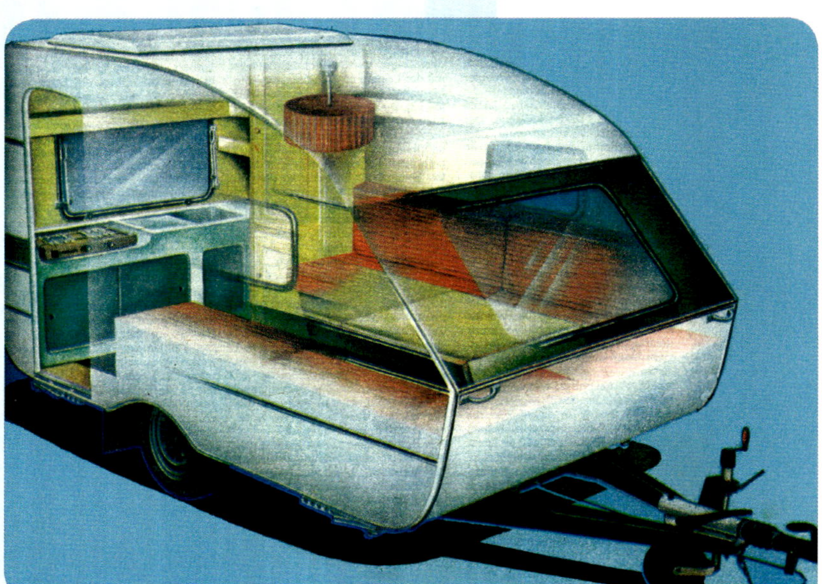

Qek-Junior, der einachsige Wohnanhänger von rund 300 kg Gewicht und 2 m Höhe, gedacht für drei- bis vierköpfige Familien.

Im Klappfix zwischen Bastei und Bad Düben

per Bahnpost losschicken mussten. Da es für Kinderreiche immer schwierig war, regelmäßig einen FDGB-Ferienscheck zu ergattern, hatten sich Sparmanns nunmehr auf Camping verlegt.

Zur generalstabsmäßigen Vorbereitung gehörte dabei zu Pfingsten der Besuch der Campingausstellung in Berlin-Grünau, wo man sich alles anschauen konnte, was die volkseigenen Betriebe in der Konsumgüterproduktion für Urlaub und Freizeit der DDR-Bürger herstellten, von Zelten über kleine aufblasbare Swimmingpools bis zu Wohnwagen.

Dort hatte auch Werner Sparmann manches mitnehmen können, vor allem Anregung. So für den Dachgepäckträger, die Anhängerkupplung und den Pkw-Anhänger. Nach langer Voranmeldung in der Werkstatt war es ihm gelungen, sich an seinen Trabant eine Anhängerkupplung anschrauben zu lassen. Denn zu transportieren gab es im Land genug, nicht nur beim Datschenbau, sondern auch bei den Einkaufsfahrten durch die Bezirke. Vermutlich war die DDR deshalb das Land mit der größten Zahl von Anhängerkupplungen an Pkws pro Kopf der Bevölkerung. Das Ding erwies sich nicht nur beim Rückwärtsfahren in einer Parklücke als sehr nützlich, vielmehr konnte man damit tatsächlich eine Menge wegziehen. Zum Beispiel den »Klappfix 64«, Sparmanns neueste Errungenschaft und ganzer Stolz.

Da er, anders als beim Auto, keine Anmeldung für einen Wohnwagen oder Zeltanhänger besaß, musste er ein solches begehrtes Stück über Zeitungsannoncen suchen. Der angebotene »Klappfix« war dann natürlich gebraucht, aber aus erster Hand. Dennoch lag der Verkaufpreis von 2500 Mark, die Werner Sparmann hinblättern musste, nur 150 Mark unter dem einstigen Neupreis. Sicher, der Wohnzeltanhänger aus dem VEB Fahrzeugwerke Olbernhau war nicht mehr das neueste Modell, dafür unheimlich praktisch.

Sein Konstruktionsprinzip ist denkbar einfach: Auf dem Fahrgestell ist ein Kasten montiert, in dem außer Sitztruhen und Betten auch das vormontierte Gestänge samt Zelthaut untergebracht ist. Der Aufbau lässt sich fix bewerkstelligen – Stützen runter, Deckel auf, das Zelt klappt sich auf, abspannen, Giebelgestänge einhängen und fertig. Die beiden Sitze mit Rückenlehnen werden in die entsprechenden Aussparungen eingeschoben, und in Verbindung mit dem ausgeschwenkten Tisch ergeben sie somit bequeme Ruheplätze. Nachts bietet die Liegefläche, mit Luft- oder Schaumgummimatratzen belegt, Schlafgelegenheit für vier Personen. Also genügend Platz für Werner Sparmann und seine Frau Elfriede, da die Kinder im separaten Zelt schlafen. Die obere Bordplatte dient als Abstellmöglichkeit für die 1000 kleinen Dinge des Campinglebens, an der Unterseite sind Stäbe zum Einhängen von Kleiderbügeln angebracht. Außerdem ist der Stauraum unter der Tischplatte mit einem Sicherheitsschloss versehen und bietet die Möglichkeit, Wertgegenstände unterzubringen.

Natürlich hatte Werner Sparmann es nicht verabsäumt, den Auf- und Abbau des »Klappfix« auf der Wiese hinterm Wohnhaus zu üben. Denn nichts ist schlimmer als ein Ehepaar, das auf dem Campingplatz nach langer Fahrt abgeschlafft angekommen ist, sich dann aber beim Zeltaufbau zu dämlich anstellt und sich lauthals vor den anderen Campingfreunden in die Haare kriegt. Das Sparmannsche Familienkollektiv stellte sich durchaus geschickt an, nur beim Anbau des Vorzeltes galt es, anfängliche Schwierigkeiten zu überwinden. Erst beim fünften Training klappte alles perfekt.

Als im Morgengrauen des nächsten Tages die Sachen auf dem Dachgepäckträger fest verschnürt waren, der »Klappfix« angehängt war und alle in den Trabi einstiegen, war Vater Sparmann noch etwas skeptisch gewesen. Denn so eine Urlaubsfahrt, sagte er

Schulze fährt mit seinem Trabi samt Wohnwagen rasant an eine Tankstelle und hält mit quietschenden Reifen an einer Zapfsäule. »Den Motor bitte abstellen!«, sagt der Tankwart. »Habe ich schon. Was da so bibbert, ist meine Frau!«

1952

- ✗ *1. Mai: Simson-Suhl wird VEB und in das IFA-Kombinat eingegliedert; Produktion der AWO 425 und von Mopeds*
- ✗ *10. Mai: Paul Greifzu verunglückt tödlich bei einer Trainingsfahrt für das 3. Dessauer Wagen- und Motorradrennen*
- ✗ *7. Oktober: Für die Volkspolizei werden militärische Dienstgrade festgelegt; neue olivgrüne Uniformen*
- ✗ *1. Mai: Gründung des Verkehrsmuseums in Dresden*
- ✗ *Bau des Kettentraktors »Rübezahl« KS 07 im Brandenburger Traktorenwerk*
- ✗ *In Ludwigsfelde, am ehemaligen Standort der Daimler-Benz-Flugmotorenfabrik, wird der Kleintransporter »Dieselameise« gebaut*
- ✗ *Juni: Das Eisenacher Werk geht zurück in deutsche Hände und heißt nun VEB IFA Automobilwerk EMW Eisenach (Eisenacher Motorenwerke)*
- ✗ *Die Motorradwerke Zschopau lassen den Markennamen DKW fallen, heißen VEB Motorradwerke Zschopau (MZ); der erste Zweitakter mit Kardanantrieb, die BK 350, erscheint*

sich, ist wie der Härtetest bei der Abschlussübung nach der Grundausbildung in der NVA. Doch während der achtstündigen Anreise lief alles wie am Schnürchen. Tochter Marlies und die Söhne Steffen und Thomas saßen auf der Rückbank wie die Orgelpfeifen, maulten ab und an, weil sie unplanmäßig pieseln mussten, waren aber zufrieden, als es für sie auf dem Autobahnrastplatz Michendorf im ersten Automatenrestaurant der DDR Brauselimonade und Bockwurst gab.

Es kam auch zu keinen unvorgesehenen unangenehmen Zwischenfällen wie Panne oder Unfall, zumal Werner Sparmann ein vorbildlicher Kraftfahrer war. Selbstverständlich hatte er darauf geachtet, die Bestimmungen der StVZO hinsichtlich Kennzeichen, Bremslicht und Rückstrahler bei Wohnanhängern einzuhalten, ebenso den Paragraphen 48 berücksichtigt, wonach das Gewicht des Wohnanhängers an einem Pkw nur 50 Prozent der Zugwagen-Leermasse zuzüglich 75 Kilo betragen darf. Er hatte vorschriftsmäßig den einachsigen Anhänger so beladen, dass beide Räder gleichmäßig belastet werden und die Beladung kopflastig ist, damit die Zugstange auf den Kugelkopf des Zugfahrzeuges drückt. Und nicht zuletzt hatte er die zulässige Höchstgeschwindigkeit von 80 Stundenkilometern nie überschritten. Sparmanns kamen also zielsicher auf dem Campingplatz in Dranske an. Der Aufbau des »Klappfix« und des Zeltes verlief koordiniert und friedlich, in der KONSUM-Verkaufsstelle gab es sogar noch ein paar Flaschen Bier, die sich das Familienoberhaupt nach dem gemeinsamen Abendbrot genehmigte. Dann schlummerten alle selig auf ihren Luftmatratzen in den ersten richtigen Urlaubstag.

Obwohl die Sonne herrlich schien und die Ostseewellen sanft plätscherten, wollte bei Werner Sparmann keine rechte Stimmung aufkommen. Dabei hatte niemand aus der Familie eine der Camping-Todsünden begangen. Man lief nicht geschniegelt und gestriegelt herum, grüßte alle freundlich und meckerte auch nicht, als der Nachbarhund ans Auto pinkelte. Vielmehr war Werner Sparmann selbst daran schuld, da er nicht auf seinen üblichen Inspektionsrundgang über den Campingplatz verzichtet hatte.

Der erste Blick genügt, um festzustellen, dass die Sparmanns mit ihrem Trabi und »Klappfix« zu den minderbemittelten Urlaubern zählten. Abgesehen von ein paar »Campifix« und einigen Campinganhängern vom Typ A 05.012 aus dem VEB Alibau und Metallveredlung Wismar wurde reihum viel Ansehnlicheres vorgezeigt.

Das begann schon bei den Nachfolgeprodukten aus Olbernhau, ange-

Im Klappfix zwischen Bastei und Bad Düben

Unterwegs mit komfortablem IFA-Intercamp, Bastei-Wohnanhänger, Mehrzweckanhänger Marke Eigenbau oder Dübener Ei.

fangen beim »Camptourist 5« bis zum »Camptourist 9«. Alles Modelle, die moderner, schöner und imposanter waren. Bei diesen Faltcaravans war nicht nur der Zeltfirst höher, sondern auch die Wohnfläche von Anhänger und Vorzelt größer, von der Ausstattung ganz zu schweigen.

Und dann erst die Wohnwagen, die jedes Jahr mehr Zelte verdrängten! Über die Hälfte davon war Marke Eigenbau. Darunter manch skurrile Typen, aber alles von den polytechnisch versierten DDR-Bürgern eigenhändig gebaut. Von innen nach außen, zuerst das Gestänge, später die Einbaumöbel, zuletzt die Beplankung. Über einem eigens dafür konstruierten Ofen wurden die Plexiglas-Fenster in ihre gewölbte Form gebracht.

Die meisten dieser Eigenbauten konnten es mit einem »Friedel« aus Großfahner oder einem »Würdig 301«, Spitzname »Dübener Ei«, aufnehmen, von denen es auf dem Dransker Campingplatz einige Exemplare zu bestaunen gab. Der Wohnwagen wurde seit den dreißiger Jahren fast unverändert weitergebaut, auch als der Privatbetrieb vom VEB Stahlbau Krippena im Kombinat Leipziger Metallbau übernommen wurde und seitdem als Betriebsteil Campingwohnwagen Bad Düben firmiert. Das »Dübener Ei« war ohne Deichsel drei Meter lang, 1,70 Meter breit und im Innenraum 1,80 Meter hoch. Mit einem Fliegengewicht von 240 Kilo konnte es von jedem Trabi gezogen werden, besaß aber Kleiderschrank, Kommo-

Warum gibt es in der DDR so wenige Rolls Royce? Die sehen mit Anhängerkupplung einfach blöd aus.

DDR-Bürger waren die eigentlichen Reiseweltmeister. Fast 80 Prozent der Bevölkerung, darunter mehr als eine halbe Million Campingfreunde, zog es im Urlaub in die Ferne. Das traf nur auf 65 Prozent der Westdeutschen zu.

Wohnanhänger LC9-285 aus dem VEB Heimstolz Weferlingen. (oben)
Raum ist in der kleinsten Hütte: Treffen der Dachzelter. (unten)

Ein Urlauber aus der DDR kommt auf dem Zeltplatz mit einem Ungarn ins Gespräch: »Mir geht es gut. Ich habe einen sicheren Arbeitsplatz, ein geregeltes Einkommen, hab genug zu essen, fahre einen Wartburg, ich kann nicht klagen!«
Meint der Ungar: »Das hab ich doch auch alles, aber ich kann klagen ...!«

de, Kochplatte und eine 1,90 Meter lange und 1,50 Meter breite bequeme Lagerstätte.

Ähnlich niedlich auch der »Weferlinger LC9-200«, der im anhaltischen Weferlingen von der PGH Heimstolz gebaut wurde, bevor auch in ihr den sozialistischen Produktionsverhältnissen zum Durchbruch verholfen und sie in den Rang eines VEB erhoben wurde. Dort hatten die Kollegen vor Jahren aus der Not eine Tugend gemacht: Im Betrieb, der vor allem Polstergestelle für die DDR-Möbelindustrie herstellte, kam es immer wieder zu Engpässen bei der Bereitstellung von benötigten Materialien. Einfallsreich, aber undiszipliniert – weil nicht im ursprünglichen Plan vorgesehen – produzierte man in den unfreiwilligen Produktionspausen Wohnwagen in Leichtbauweise. Dieser Mini-Wohnwagen wog zehn Kilo mehr als das »Ei« aus Düben, war dafür aber noch kürzer und schmaler. Wer nicht länger als 1,80 Meter ist, kann darin aufrecht stehen, und zum Sitzen finden fünf Leute Platz. Erhaben klopften die »Weferlinger«-Camper auf die mehrschichtig lackierte und somit wetterfeste Außenhaut ihres fahrbaren

Häuschens. Darunter versteckte sich nämlich ein doppelwandiger Aufbau aus freitragender Holzrahmenkonstruktion, beschichtet mit spezialimprägniertem finnischem Sperrholz.

So winzig und doch so überheblich, dachte sich Werner Sparmann und hätte fast die großen Brüder des Kleinen aus Weferlingen übersehen: den 85 Zentimeter längeren »LC9 – 285«, den »Aller 300« und den »Aller 340«, den Riesen aus dem Hause Heimstolz. Aber Vater Sparmann verkniff es sich, mit den Bewohnern ein unverfängliches Gespräch zu beginnen, um auch den Innenkomfort der Behausungen sehen zu können. Alle drei Typen hätte er mit seinem Trabi sowieso nicht schleppen können, als Zugmaschine brauchte man schon einen Wartburg, Lada oder Skoda.

Da käme für ihn lieber ein »QEK« in Frage, allerdings nicht der ausgewachsene »QEK-Aero«, sondern der handliche »QEK-Junior HP 400.83«. Die 6 650 Mark für diesen Wohnwagen hätten er und seine Elfriede auch noch zusammengekratzt, aber leider wurden viel zu wenige Exemplare hergestellt. Um so mehr fragte sich Werner Sparmann, welche Beziehungen wohl jene »QEK«-Besitzer hier in Dranske haben, um in den Genuss einer solch rollenden Ferienwohnung zu kommen. Aber vielleicht waren es nur fleißige Werktätige aus dem Qualitäts- und Edelstahlkombinat, die als Erbauer das Gefährt auch testeten? Genauer aus dem Stammwerk, dem Stahl- und Walzwerk »Wilhelm Florin« in Hennigsdorf und aus dem VEB Maxhütte, Zweigbetrieb Schmiedefeld/Neuhaus, wo das Fahrgestell hergestellt bzw. mit dem Aufbau und der Inneneinrichtung komplettiert wurde. Den »QEK« hatte Werner Sparmann erstmals Mitte der 70er Jahre auf der Grünauer Campingschau entdeckt. Er war leicht, formschön und geräumig, bot Platz für zwei Erwachsene und zwei Kinder. Der geschweißte Zentralrohrrahmen, Pendelhalbachsen, Teleskopstoßdämpfer, der selbsttragende Ganzplastaufbau mit großer Dachluke, die festeingebauten Piacryl-Fenster und die vollständige Inneneinrichtung inklusive 6- oder 12-Volt-Beleuchtung, Propangaskocher, Gasflasche und Spülbecken konnten schon beeindrucken. Aber leider war das Ding etwas zu klein für die Sparmanns, zumal Tochter Marlies bald in die Pubertät kommen würde. Außerdem hatte Vater Sparmann schon ausreichend Gespräche mit »QEK«-Campern geführt, um auch die Abstriche am Komfort zu kennen. Beispielsweise der Ärger mit den Druckknöpfen an den Kissen, womit diese auf dem Sperrholzdeckel des Stauraums angedrückt werden. Oder der unsaubere Farbanstrich und die schlampige Tapezierung hinter dem Vorhang der abgeschirmten Garderobe. Oder der primitive graue Bodenanstrich ohne isolierenden Fußbodenbelag. Ganz zu schweigen von der fehlenden Isolierung oder gar Doppelwandigkeit des Wagens. Und zu allem Übel dringt manchmal während der Fahrt Schmutzwasser von den Radkästen durch einen Spalt in die versenkte Bodenwanne des Stehbereichs.

Er müsste schon vom Teufel geritten sein, dachte sich Werner Sparmann, sollte er sich ein solch unausgereiftes Fabrikat zulegen. Dann lieber gleich richtigen Campingkomfort, beispielsweise einen »Nagetusch«, von dem auf dem Dransker Zeltplatz auch ein paar Exemplare aufgereiht waren. Die »Nagetusch«, die meisten seltsamerweise mit Berliner Kennzeichen, aber auch ein paar Rostocker und Leipziger darunter, standen etwas abseits von den übrigen Caravans, auf einer kleinen Anhöhe des Zeltplatzes. Wie eine Wagenburg, abgeschirmt und erhoben. Die Unterschiede einer Klassengesellschaft – die im Sozialismus ja noch nicht gänzlich aufgehoben sind – verdeutlichend. Verständlich, dass sich Werner Sparmann, trotz seines Diploms

Im Klappfix zwischen Bastei und Bad Düben

Was ist ein Trabi mit einem Bastei-Wohnwagen im Schlepp? Ein Wunder!

1953

- In Zittau werden die Lkw Phänomen Granit 30 K und Granit 32 gefertigt
- In Eisenach beginnt die Produktion des Pkw IFA F 9 (vorher in Zwickau); die Produktion der Typen EMW 342 und 343 wird eingestellt
- Der Geräteträger RS 08 »Maulwurf« wird im VEB Traktorenwerk Schönebeck gefertigt
- VEB Kraftfahrzeugwerk »Ernst Grube« Werdau baut den einzigen Serien-Dreiachser G 5 vorwiegend für den militärischen Bereich
- Gründung des IFA Rennkollektiv Zschopau

als Bergbauingenieur, zu den Prolos hinabgestoßen fühlte. Angesichts der Ganzmetallwohnwagen, die nicht nur äußerlich, sondern auch im Innern Luxusstücke mit hohem Gebrauchswert sind, keimte in ihm leichter Besitz- und Klassenneid auf.

Das besondere Merkmal dieser Wohnwagen von der Dresdener Karosseriefirma R. Nagebusch ist die Leichtmetallbeplankung der Karosserie. Die marmorierte Aluminiumaußenhaut glitzert in der Sonne und ist außergewöhnlich witterungsunempfindlich. Hinzu kommt eine Spezialisolierung, die sommers wie winters für einen günstigen Temperaturausgleich sorgt. Auch im Inneren besticht der »Nagetusch« durch eine Reihe von Raffinessen: Er ist reichlich mit Schaumgummipolstern bestückt, Propangasanlage, Eis-, Kleider- und Wäscheschrank sind serienmäßig eingebaut, der Spiegel ist verstellbar, die Fenster abgedichtet, der Wetterschutz-Eintritt ist ausgespart, und der Mittelgang ist durch eine Kuppel erhöht. Dass solche hochwertigen Konsumgüter ihren Preis haben, wusste auch Werner Sparmann. Schon in den sechziger Jahren kosteten die unterschiedlichen »Nagetusch«-Modelle zwischen 8 700 und 13 500 Mark. Und danach mussten für den Typ »Brillant« 9 300, für den »Diamant« 11 500, für den »Exqusit« 13 000 und für den »Exzellent« sogar 15 000 Mark hingeblättert werden.

Astronomische Summen für die Sparmanns, ganz abgesehen davon, dass man als Zugpferd schon einen Wolga, Tatra oder wenigstens Lada benötigte. Seinen Aufstieg in die erste Klasse der Wohnwagen-Camper müsste Vater Sparmann wohl bis zum Ende des erfolgreichen Aufbaus der entwickelten sozialistischen Gesellschaft verschieben. Aber dort – wie auch auf dem Dransker Zeltplatz –, war mittlerweile die Verwandtschaft aus Berlin und Oschatz längst angekommen.

Schwager Ernst-Georg und Günter waren mit ihren Frauen und Kindern eingetroffen, um wie jedes Jahr in der Großfamilie den Sommerurlaub zu genießen. Aber was heißt »eingetroffen«? Sie waren eingeflogen, eingeschwebt. Mit ihrem Citroën und Volvo, und hintendran Wohnwagen, von denen es hier in Dranske kaum vergleichbare gab.

Ernst-Georg, der Medizinprofessor aus der Berliner Charité, nannte einen »Bastei« sein Eigen und sonnte sich unter den neugierigen Blicken der Campinggemeinde. Das Gefährt entsprach seinen gehobeneren Ansprüchen: Die geschmackvolle farbliche Innengestaltung im gediegenen Braun-Beige, Gasheizung, zweiflammiger Kocher, Kühlschrank, Einbauschränke, unter dem Küchenblock eine Öffnung im Boden, durch die man die Elektroleitung anschließen kann. Dank des kleinen Tisches im Vorderteil braucht man auch nicht immer die Sitzgruppe umzubauen, wenn man morgens frühstücken will, und in der Sonne heizt sich der »Bastei« auch nicht so stark auf. Die Investition für die kleine Eigentumswohnung von 14 000 Mark hatte sich also gelohnt.

Darüber konnte Günter freilich nur müde lächeln. Der kleine Bruder hatte einst die Korbmacherwerkstatt des Vaters geerbt und führte sie seit Jahren mit dem Spielzeuggeschäft im Herzen Sachsens weiter. Er war ein angesehener Mann in Oschatz, zwar parteilos, aber gesellschaftlich aktiv, und gab der Kreiszeitung gerne ein Interview, wenn es darum ging, bei den Volkskammerwahlen die Kandidaten der Nationalen Front zu unterstützen. Rechtschaffen, wie er war, brachte er es als kleiner Gewerbetreibender mit der Korbmacherei zu bescheidenem Wohlstand. Zumindest fuhr er jedes zweite Jahr ein neues Auto. Und seit kurzem diesen »IFA-Intercamp 355«. Das war schon kein Wohnanhänger mehr, sondern eine rollende Villa. Mit allem Drum und Dran: mehrere Wohnbereiche, Küche, Toilette, zwei

Sitzgruppen, TV, HiFi-Anlage, Kühl- und Gefrierschrank usw. Süffisant erzählte Günter der verblüfften Verwandtschaft, dass er beim Kauf nicht mit Scheck bezahlt, sondern standesgemäß die 55 000 Mark in bar hingeblättert hatte. Aber sofort beruhigte er Bruder, Schwester und Schwager: Keine Angst, man nage nun nicht am Hungertuch, sondern wolle gleich gemeinsam die paar Sektflaschen Schloss Wackerbarth leeren, die im Kühlschrank lagerten.

Werner Sparmann wollte auch nicht knauserig sein und holte eine Pulle von seinem Wismut-Deputat, den beliebten Bergmann-Fusel, und legte ihn die Tiefkühltruhe. Jedenfalls wurde es nach dem heißen Sommertag ein langer Abend im »Intercamp«. Während des fröhlichen Zechgelages bekam keiner mit, wie ein über die Ostsee kommendes Unwetter über Dranske tobte und Regen und Sturm den Zeltplatz verwüsteten. Erst als Werner Sparmann weit nach Mitternacht den Palast auf Rädern verließ, sah er die Bescherung: Sein »Klappfix« war umgestürzt.

Im Klappfix zwischen Bastei und Bad Düben

In Minuten bezugsfertig ist das rund 15 Quadratmeter große Zelt: Klappfix aus dem Fahrzeugwerk Olbernhau.

Kein Problem für den Trabant, den Mini-Wohnwagen Weferlinger Heimstolz LC9-200 zu ziehen.

Fürs Leben lernen

Nr.00005*

Wer hat Vorfahrt?

O.U., den 28. 11. 1989

Autor: Hans Hellbach

Laut StVO keine Pflicht, aber auch von der Verkehrspolizei empfohlen: Das A für Anfänger im Heckfenster des Fahrzeugs.

»Ich glaube Ihnen ja, dass Sie nur für einen Moment den Tacho aus den Augen verloren haben. Aber Gesetz ist Gesetz!«

1954

✗ *14. Januar: Beschluss des Präsidiums des Ministerrats zum Bau eines Kleinwagens – Beginn der Trabant-Geschichte. Das Forschungs- und Entwicklungszentrum aus Karl-Marx-Stadt stellt den ersten Prototyp des »P50« vor*

✗ *März: Manfred von Brauchitsch siedelt in die DDR über*

✗ *26. November: Das Ministerium für Eisenbahnwesen, das Staatssekretariat für Schifffahrt und das Staatssekretariat für Kraftverkehr und Straßenwesen werden zum Ministerium für Verkehrswesen vereinigt*

✗ *Ludwigsfelde beginnt mit dem Bau des Stadtrollers »Pitty«*

Obwohl die Gleichberechtigung zwischen Mann und Frau bei uns in der Verfassung festgeschrieben ist – auch ich verstehe mich als emanzipierte Frau –, gibt es doch einen Bereich, in dem wir Frauen noch viel zu selten am Steuer sitzen – am Steuer nämlich.

Werner und ich teilten uns die Aufgaben im Haushalt, muss man auch bei drei Kindern und zwei berufstätigen Erwachsenen. Es gab zwei Bereiche, die nicht geteilt wurden: Ich ließ ihn nicht an die Wäsche, er ließ mich nicht ans Auto. Nicht dass ich mich danach drängte, mich sonnabends auf die Straße zu stellen und das Auto zu waschen. Unter uns, ich finde es etwas kindisch, wenn die Männer in Unterhemden und mit Wassereimern, aus denen der Schaum in Flocken fliegt, die Autos einseifen ... nun gut, jedem Tierchen sein Pläsierchen, sagte ich immer, das half auch unserer Ehe.

An einem Wochenende machten wir einen Ausflug mit den Kindern nach Dresden. Ich hatte dem Werner das Versprechen abgerungen, uns alle ins Grüne Gewölbe zu führen und danach in den Zoo. Es war schön, und hinterher aßen die Kinder ein Softeis an der Elbe, ich schlürfte einen Eiskaffee mit viel Sahne, herrlich, und der Werner, in dieser Hitze, trank ein Bierchen vom Fass. Als auf dem Heimweg ein Verkehrspolizist neben uns hielt, wurde Werner nervös. Vielleicht war ihm auch nur heiß, oder er musste mal, jedenfalls fluchte er vor sich hin und beschwerte sich darüber, dass ich nicht Auto fahren könne. Da fiel es mir wie Schuppen von den Augen: Wieso eigentlich nicht?

Es war doch keineswegs so, dass es an Gelegenheiten gemangelt hatte. Jungs hatten es vielleicht noch ein wenig leichter. Wenn sie vom Dorf kamen sowieso, die konnten alle schon Traktor fahren, bevor sie fünfzehn waren. Das war vielleicht nicht erlaubt, aber gang und gäbe, und da wurde einfach drüberweggesehen.

Als ich mit vierzehn ins Internat der EOS kam, drehte sich die Diskussion der Jungen und Mädchen vor allem darum, wie man sich unabhängiger fortbewegen könne. Gerade die Wochenendfahrten nach Hause wurden zum leidigen Dauerthema. Niemand wollte abgeholt und gebracht werden. Davon abgesehen, waren die Eltern auch keineswegs geneigt, uns zu kutschieren. Wir fuhren viel mit der Ferkeltaxe, manche mit dem Bus.

An diesem Abend, nach dem Abendbrot, als der Werner abwusch, habe ich ein klares Wörtchen mit ihm geredet – seine Reaktion brachte mich auf die Palme: »Aber Elfriede, was soll das? Wozu denn? Frauen sind schreckliche Autofahrer, völlig unabhängig vom Gesellschaftssystem. Frauen können nicht Auto fahren. Das ist erwiesen.«

»So ein Quatsch, lass das mal nicht deine Brigadierin hören. Die macht dir die Hölle heiß. Nein, ich brauche einen Führerschein. Ich werde mich erkundigen und bei der Fahrschule anmelden. Es hat Vorteile, wenn wir beide fahren können. Du kannst öfter mal ein Bier trinken, wir können uns bei der langen Fahrt an die Ostsee abwechseln ...«

»Na, bis du bei der Fahrschule dran bist, sind die Kinder aus dem Haus, und du überlegst es dir bestimmt anders. Du wirst zwei Jahre oder länger warten müssen, bis die dich drannehmen. Bei der GST ging das viel schneller. Ich hab meine Fahrerlaubnis fürs Moped an einem Wochenende gemacht.«

»Einen Mopedführerschein hab ich selber, aber das war vor deiner Zeit, mein Lieber.«

»Schatz, das wusste ich gar nicht, das hast du nie erzählt. Es sah bestimmt sehr fesch aus, wenn du mit deinen Freundinnen über die Dörfer gefahren bist ...«

»... und meinem Freund! Ja, einen Mopedführerschein hatten wir alle. Gleich mit fünfzehn haben wir uns angemeldet, in der GST-Baracke am

Wer hat Vorfahrt?

Sportplatz. Da gab es zwei Mopeds, auch ein Motorrad für die Älteren, ab siebzehn konnte man die Motorradprüfung machen, und sogar einen LKW hatten sie.

Mir reichte der Mopedführerschein, denn auf ein Moped hatte ich schon seit der Jugendweihe gespart. Zum sechzehnten Geburtstag bekam ich dann auch eine blaue Schwalbe. Den Führerschein zu machen war nicht schwer, ich hatte vielleicht so drei Fahrstunden, die theoretische Prüfung, und das Geld – 5 Mark für den DRK-Schein, 5 Mark Prüfungsgebühr, 2 Mark der Führerschein selber –, das war kein Problem. Ich weiß noch, bei der ersten Fahrstunde habe ich zu schnell Gas gegeben, das Moped ist gefahren, ich saß im Dreck. Was hat der Fahrlehrer geschimpft. Und was war mir das peinlich, schließlich waren meine Freundinnen ja immer mit dabei. Wir hatten praktisch alle zur selben Zeit Fahrschule und wechselten uns beim Rundenfahren ab.

Zur Prüfung sind wir Mädchen auch zusammen gegangen. Wir haben uns gegenseitig angefeuert: GST-Weste um, der brummige GST-Leiter Herr Behrens in seinem Trabant, und einmal durch den Ort, die lange Kurve um den Sportplatz, und dann bekamen wir unsere Fleppen kurze Zeit später vom ABV. Der packte die Gelegenheit beim Schopf, dass wieder mal fast eine ganze Klasse den Führerschein gemacht hatte; er kam in die Schule und belehrte uns alle noch einmal über unsere Verantwortung im Straßenverkehr und verteilte die Führerscheine. Das war ein bisschen wie Zeugnisausgabe.«

»Siehste Elfriede, schon beim Moped war es schwer, du hast die arme Maschine gequält. Lass man gut sein mit dem Führerschein. Du brauchst den auch gar nicht, denn in meinem Trabant kommst du mir nicht hinters Steuer. Überhaupt kommt mir keiner ins Auto, der keine Fahrerlaubnis, sondern einen Führerschein gemacht hat, der Fahrerlaubnisklassen in Buchstaben statt in Ziffern angibt. Seit 1981 ist das doch alles den Bach runtergegangen ... Das sind Zugeständnisse an den Klassenfeind, die ich nicht unterstütze.«

Selbst ich wusste, dass die Dokumente wieder wie zu Kaisers Zeiten den Aufdruck »Führerschein«, und nicht mehr »Fahrerlaubnis« trugen. Und überhaupt, seine Spitzfindigkeiten haben mich natürlich nicht abgehalten, zur Fahrschule zu gehen. Allerdings musste ich feststellen, dass Werner in einer Sache recht hatte: Auf drei Jahre Wartezeit sollte ich mich einstellen. Ich füllte das »VK 30« aus, also

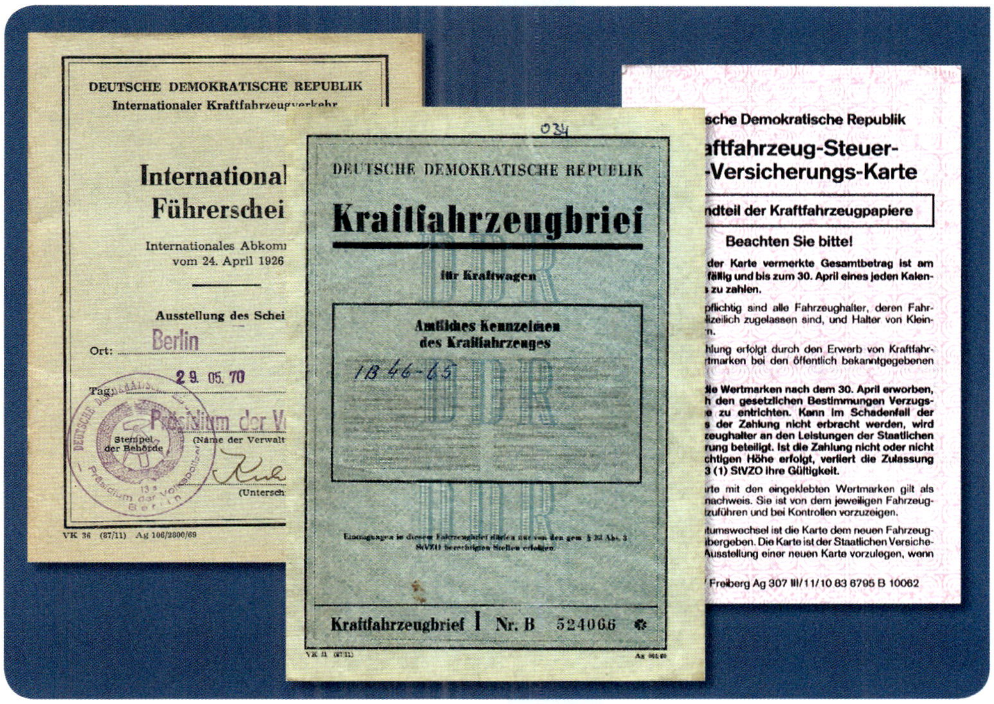

den Fahrerlaubnisantrag, ein Formular in Postkartengröße, und ging wegen eines Tauglichkeitstests zum Arzt. Dort erhielt ich die Tauglichkeitsgruppe C, was bedeutete, dass ich ohne Einschränkungen und Bedingungen jeden Kraftfahrzeugsführerschein erwerben konnte.

Nach zwei Jahren war es soweit. Ich kaufte ein Fahrschullehrbuch, ein sogenanntes L-Heft, und begann, die Theorie zu büffeln. Verkehrszeichen und Vorfahrtsregeln bereiteten mir keine

Bürger, weisen Sie sich aus!

Außer der Fahrerlaubnis war bei Polizeikontrollen stets der Berechtigungsschein, umgangssprachlich Stempelkarte, vorzuweisen. Verkehrsverstöße wurden mit Stempeln und Geldstrafen gleich vor Ort geahndet.

Bei Geschwindigkeitsüberschreitung von
- *11–20 km/h – 10 Mark und 1 bis 2 Stempel*
- *21–29 km/h – 20 Mark und 2-3 Stempel*
- *30–40 km/h – 4 Stempel und Ordnungsstrafverfahren bis 500 Mark*
- *41 km/h und mehr – Führerscheinentzug vor Ort (für max. 4 Wochen) und Einleitung eines Ordnungsstrafverfahrens. Der Berechtigungsschein wurde ungültig gemacht und Heimfahrt zeitbefristet gestattet.*
- *Fahren bei Rotlicht – 4 Stempel, Ordnungsstrafverfahren*
- *Entgegen der Einbahnstraße – 10 M und 1 Stempel*

Probleme. Die eigentlichen Theoriestunden waren aber etwas erschreckend: Es gab verschiedene Tafeln und Modelle vom Trabant, beispielsweise ein Schnittmodell von der Trommelbremse, ein Funktionsmodell, welches die Bremse und Handbremse erläuterte, und Funktionstafeln sämtlicher Beleuchtungsanlagen des Autos. Ich kam mir vor wie im Biologieunterreicht, wenn Querschnitte irgendwelcher Pflanzen und Tiere deren Innenleben ausstellten. Ich habe nichts davon verstanden.

Es stellte sich heraus, dass man das bei der eigentlichen Prüfung nicht alles wiedergeben musste. Die theoretische Ausbildung kostete 47 Mark. Und wenn Werner auch lachte – als ich ihn testete, stellte ich fest, dass er vieles vergessen hatte. Er gab sogar zu, dass er beim Ablegen seiner Fahrerlaubnis der Klasse 1 gar keine Fahrstunden genommen und die Prüfung nur Minuten gedauert hatte – weil angeblich der GST-Leiter wusste, dass der Werner ein hervorragender Fahrer war. Na, das sind Zustände.

Werner war platt, als er hörte, dass es in der Fahrschule einen sogenannten Fahrtrainer gab. Da wurde das Fahren eben simuliert. Ich saß da und schaute einen Film und musste nebenher kuppeln, schalten, bremsen, Gas geben. Mein erstes Fahrdiagramm sah allerdings nicht so gut aus … Da machte sich Werner gleich wieder lustig. Noch immer hatte ich nicht im Auto gesessen – als Fahrer meine ich. Werner verweigerte mir die Nutzung des Trabants konsequent. Ich erinnerte ihn daran, dass es unser Auto war, dass wir es gemeinsam gekauft hatten. Er wurde ganz kleinlich und sagte, es sei aber seine Anmeldung gewesen, die uns erst ermöglicht hatte, eines zu erwerben. Es war ein schlimmer Streit.

Bei mir stand nun der Elementeplatz an. Dort sollte ich anfahren und anhalten üben, einparken, wenden etc. Offensichtlich konnte eine Ausbildung auch sehr gründlich sein, nicht so schludrig wie bei Werner. Erst wer das konnte, durfte auf die Straße. Allerdings fehlte mir für den Elementeplatz das elementarste Zubehör: ein Auto.

Werner weigerte sich, mich zu unterstützen. Der Fahrlehrer hatte gesagt, dass es durchaus die Möglichkeit gab, mit dem eigenen Auto zu fahren – gerade auf dem Platz. Es sei ein leichtes, die doppelte Pedale einzubauen, so dass der Fahrlehrer neben mir bremsen konnte, wenn ich Fehler machte. Eine Stunde kostete 10 Mark.

Der Fahrlehrer hatte Mitleid mit mir und stellte mir einen jungen Mann vor, der mit seinem Vater und dessen Trabant schon einige Zeit auf dem Platz übte. In diesem Auto absolvierte ich einige Fahrstunden, schließlich sogar

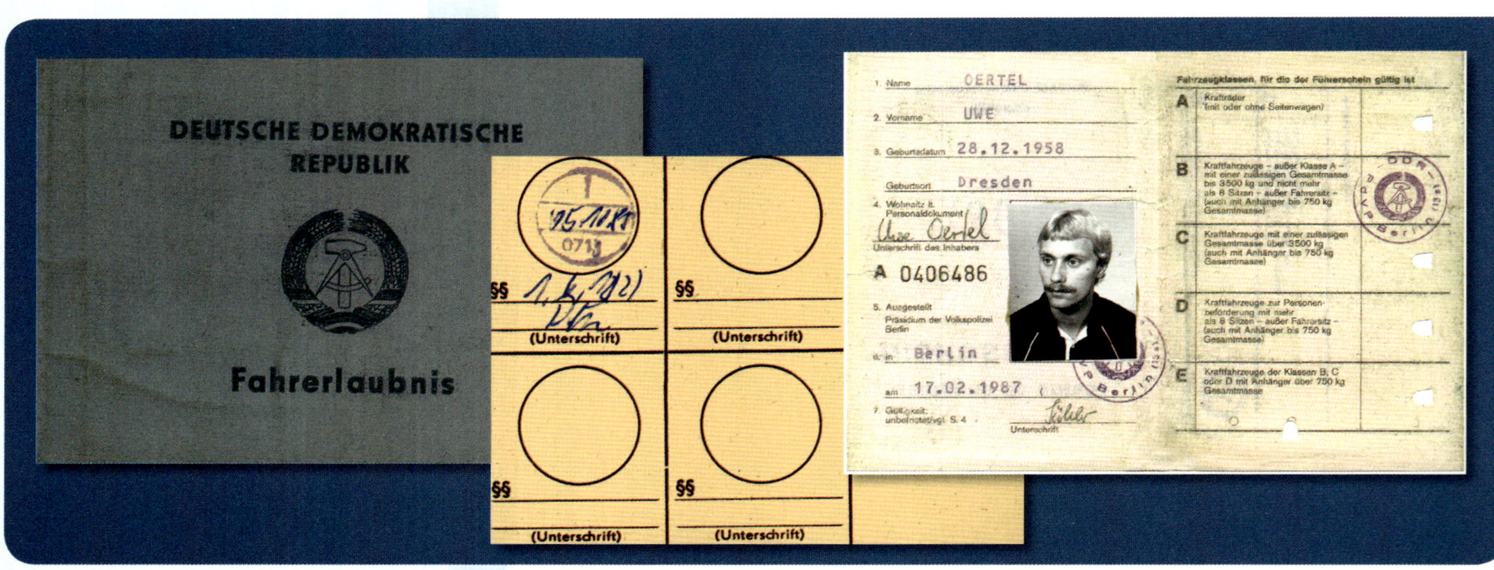

auf der Straße. Da brachte der Fahrlehrer neben den extra Pedalen (nur Kupplung und Bremse) dann noch das Schild mit dem L am Dach an. Als ich einmal auf der Autobahn fuhr, zwei Pflichtstunden gab es da, erkannte ich, wozu es gut war, dass der Trabant so klein war. Der Fahrlehrer gab auf der Auffahrt einfach für mich Gas, sein Fuß reichte locker bis rüber.

Die Fahrstunde kostete 13,20 Mark. Als ich in dem geborgten Trabant meine ersten Fahrten absolvierte, war ich auch gleich Feuer und Flamme. Autofahren war herrlich. Mit dem fahrschuleigenen Wartburg machte es noch mehr Spaß. Mit dem legte ich dann auch meine Prüfung ab, neben mir meinen geduldigen Fahrlehrer, hinter mir einen Volkspolizisten, der als Zweiter die Prüfung abnehmen musste.

Meinen Führerschein und meine leere Stempelkarte holte ich eine Woche später vom Volkspolizeikreisamt ab. Nun war ich berechtigt, einen Pkw zu führen, auf meinem Führerschein war das B abgestempelt. Etwas über ein Jahr hatte ich gebraucht. Stolz kam ich nach Hause, nahm den Autoschlüssel und holte die Kinder mit dem Trabant vom Hort und vom Kindergarten ab. Ich fuhr mit ihnen an den Baggersee. Das war eine willkommene Abwechslung, und die Kinder fanden auch, dass ich sehr gut fuhr.

Als wir nach Hause kamen, war Werner schon von der Arbeit zurück. Ich will das mal ganz sachlich berichten: Er tobte und schrie und verbot mir, sein Auto anzufassen, rannte immerzu rein und raus, suchte nach einem vermeintlichen Kratzer am Lack, drehte den Zündschlüssel, lauschte auf den Motor im Leerlauf und dergleichen mehr. Ich sagte ihm klipp und klar, dass ich nicht bereit sei, mir so etwas bieten zu lassen. Ich würde mit den Kindern jetzt zu meinen Eltern fahren, er könne es sich überlegen, wie es mit uns weitergehen solle. So jedenfalls nicht.

Ich fuhr also Richtung Dresden. Von der Autobahn runter war ich wohl etwas zu schnell, denn ein Verkehrspolizist winkte mich an den Straßenrand. Er wollte meine Papiere sehen und war sehr erstaunt, dass er einen völlig jungfräulichen Führerschein in die Hand bekam, der praktisch gerade erst ausgestellt worden war. »Liebe Frau Sparmann, warum fahren wir denn so schnell? 20 km/h über dem Limit, das macht 20 Mark und zwei Stempel. Gerade erst den Führerschein erworben, zu dem ich Ihnen herzlich gratuliere. Es ist schön, wenn die Frauen in der fortschrittlichen Welt mithalten. Gemeinhin erhoffen wir uns von der weiblichen Fahrbevölkerung, dass sie besonnen ist. Bei Ihnen scheint das nicht der Fall zu sein. Noch keine drei Tage Verkehrsteilnehmer und schon Verkehrssünder …«

Ich musste ihn unterbrechen und schilderte die Situation. Unschlüssig drehte der Verkehrspolizist meine leere Stempelkarte in den Händen hin und her. Schließlich sagte er: »Frau Sparmann, ich will heute mal ein Auge zudrücken. Ich erkenne sehr wohl die außergewöhnliche Situation, in der Sie sich befinden, aber Sie sollten unbedingt die Straßenverkehrsordnung beachten. Ich möchte nicht eines Tages zu einem Unfall gerufen werden …« Ich versprach alles und fuhr sicher ans Ziel.

Ich hatte fest damit gerechnet, dass Werner wieder zur Vernunft kommen würde. Doch jedes Mal, wenn ich mich hinters Steuer setzen wollte, ging das Theater von vorn los.

Zwei Jahre nachdem ich meinen Führerschein gemacht hatte, ließ ich mich von Werner scheiden. Der Richter sprach mir das Auto zu, inklusive Klappfix-Anhänger.

Fürs nächste Jahr habe ich mir ein neues Ziel gesetzt: Ich möchte den Befähigungsnachweis zum Führen von Sportbooten erwerben. Da es um Gera herum keine geeigneten Gewässer gibt, handelt es sich um einen langfristigen Plan.

Wer hat Vorfahrt?

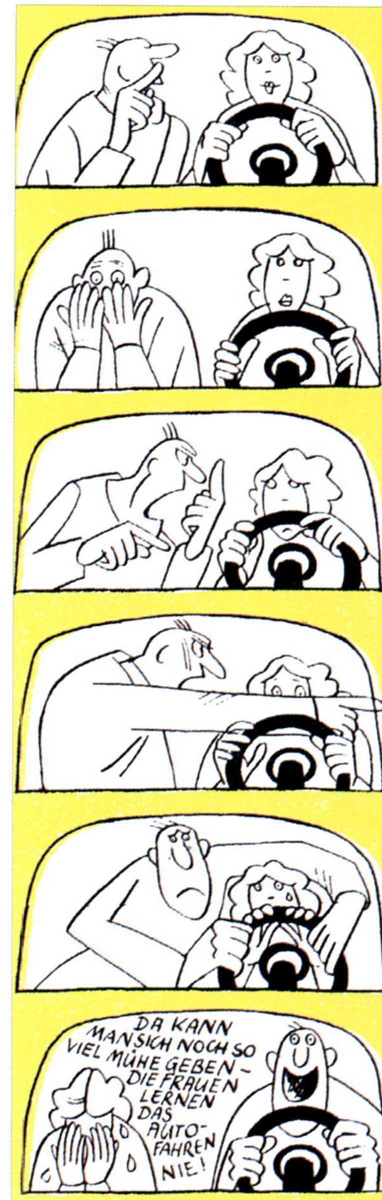

Frau Schulze fährt zum ersten Mal mit dem Fahrlehrer durch Magdeburg. Da bemerkt sie am Straßenrand zwei Arbeiter, die einen Telefonmast besteigen. Verärgert raunzt sie den Fahrlehrer an: »Ist doch lächerlich! Sooo schlecht fahre ich nun auch wieder nicht!«

Fortschrittliches Fahren im Arbeiter-und-Bauern-Staat

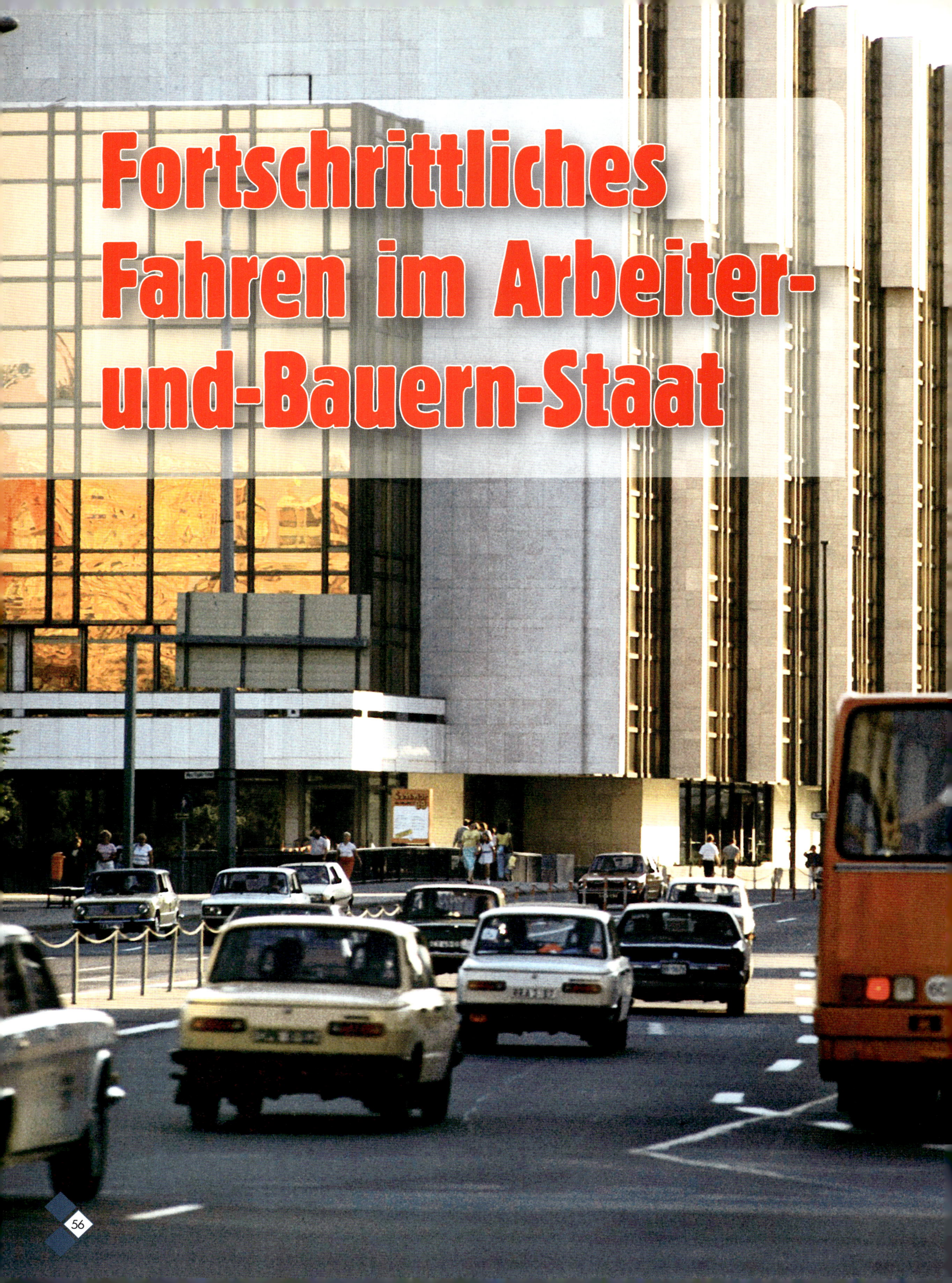

Nr. 00006*

Aufbruch zu neuen verkehrstechnischen Ufern

O.U., den 28. 11. 19 89

Autor: Thomas Heubner T.H.

Einer von 615 Ikarus-Linienbussen (Stand 1989) der Berliner Verkehrsbetriebe auf der in jede Richtung dreispurigen Karl-Liebknecht-Straße – ohne Bus-Spur, die es in der DDR nicht gab.

Der sowjetische Partei- und Staatsführer Leonid Breshnew und USA-Präsident Ronald Reagan können sich auf einem Gipfeltreffen nicht einigen, wer von ihnen der Bedeutendere sei und das bessere Gesellschaftssystem vertrete. Sie beschließen, die richtige Antwort durch ein Autorennen mit ihren Staatskarossen zu ermitteln. Reagan gewinnt mit einer Radlänge Vorsprung. Am nächsten Tag meldet das Neue Deutschland: »Bei einem Internationalen Autorennen am Rande des Gipfeltreffens belegte unser verehrter Genosse Breshnew einen hervorragenden zweiten Platz, während USA-Präsiden Reagan nur Vorletzter wurde.«

Referat von Heinz Pfotenhauer, Sektorenleiter in der Hauptverwaltung Kraftverkehr im Ministerium für Verkehrswesen, gehalten an der Hochschule für Verkehrswesen »Friedrich List« Dresden

Genossinnen und Genossen, wie wir alle wissen, bringt die immer weitere Entwicklung des real existierenden sozialistischen Straßenverkehrs in der Deutschen Demokratischen Republik das soziale Wesen des ersten Arbeiter-und-Bauern-Staates auf deutschem Boden immer stärker zum Ausdruck. Jede Gesellschaftsformation hat ihre charakteristischen Eigenheiten, den zur jeweiligen Zeit lebenden Menschen den richtigen Weg zu weisen – oder sie in die Sackgasse zu locken. Die amerikanischen Autokonzerne wie Ford sicherten sich die Vorherrschaft ihrer massenhaft produzierten Fahrzeuge für den Individualverkehr, indem sie den armen werktätigen Fußgängern das Betreten und Überqueren der Highways mittels Lichtsignalanlagen beziehunsgweise Ampeln vorschrieben. Diese Idee wurde über die ganze Welt verbreitet. So regelte seit Oktober 1924 auf dem Potsdamer Platz in Berlin die erste Verkehrsampel in Europa den Straßenverkehr. Seitdem spiegelt die Vielfalt von Lichtsignalanlagen und damit von Ampelmännchen in der ganzen Welt die Vielfalt der Gesellschaften wider.

In unserer sozialistischen Republik sind die antagonistischen Widersprüche des kapitalistischen Verkehrssystems im dreifachen Sinne aufgehoben. Deshalb gehört es auch zu den Rechten und Pflichten unserer Bürger, wie in der StVO festgelegt, »ständig an der Verbesserung der Sicherheit und Disziplin im Straßenverkehr mitzuwirken«.

In den ersten Jahren der DDR, als es um den Aufbau der Grundlagen des Sozialismus ging und der Straßenverkehr sich noch nicht so stürmisch entwickelte, genügte es vorerst, die noch vorhandenen Ampeln zu übernehmen und zu nutzen. Denn früher war ja nicht alles schlecht. Das änderte sich schlagartig mit dem endgültigen Sieg der sozialistischen Produktionsverhältnisse am Anfang der sechziger Jahre. Wie in den Fünfjahrplänen vor-

gesehen, motorisierte sich das Volk, fuhr in schicken Autos aus heimischer Zwickauer oder Eisenacher Produktion oder brauste auf Mopeds wie dem »KR 50«, Stadtrollern wie dem »Pitty« oder »Wiesel« oder Motorrädern wie der AWO oder ES 150 durch die neugestalteten Stadtzentren. Gleichzeitig stieg der Lkw-Verkehr zur Versorgung von Industrie und Landwirtschaft sowie der Bevölkerung mit Waren des täglichen Bedarfs rasant an. Dabei traten leider vermehrt Erscheinungen der Dekadenz und Disziplinlosigkeit im Straßenverkehr zutage. Die Zahl der Verkehrsunfälle nahm erschreckende Ausmaße an. Allein 1963 gab es in Berlin an der Kreuzung Greifswalder/ Ecke Dimitroffstraße zwanzig Verkehrstote zu beklagen.

Doch neben den subjektiven Faktoren gab es dafür auch objektive Gründe. Unter anderem waren die seit 1957 in der DDR entwickelten und installierten Ampeln nicht mehr auf der Höhe der Zeit. Sie besaßen zu kleine Lichtsignal- und Abschirmflächen, die sich nicht gegen kräftiges Licht wie Sonneneinstrahlung oder Ablenkung von Reklamen im Hintergrund behaupten konnten. Sie hinkten somit der gesellschaftlichen und verkehrstechnischen Entwicklung hinterher, die längst einen großen Sprung nach vorn gemacht hatte.

Wie üblich in der DDR, erkannte die Partei der Arbeiterklasse diesen nichtantagonistischen Widerspruch. Sie wurde ihrer Führungsrolle gerecht, indem sie konstruktive Anregungen für die Entwicklung neuer Ampelanlagen gab. Selbstverständlich konnte die SED dabei wieder auf den reichen Erfahrungsschatz der KPdSU zurückgreifen. Denn in Moskau hatte zu diesem Zeitpunkt Nikita Sergejewitsch Chruschtschow in einer Rede vor Kulturschaffenden das Ende der Formalismusdebatte erklärt. Er verkündete das Prinzip des klassischen sozialistischen Realismus, das er bei einem Neujahrsspaziergang im sibirischen Wald entdeckt hatte. Die dortige natürliche Schönheit müsse sich auch in Kunst und Technik widerspiegeln. Abartiger Symbolismus hingegen sei es, Kulturhäuser in Form eines fünfzackigen Sowjetsterns zu bauen oder Tannen mit den Wurzeln nach oben zu zeichnen. »Das Neue, das Progressive«, so Genosse Chruschtschow wörtlich, »besteht in der anschaulichen Konkretheit.«

Nachdem die PIS, die politisch-ideologische Stoßrichtung, also klar war, begann in der ganzen DDR eine breite demokratische Volksaussprache. Sowohl in den Betrieben und Einrichtungen als auch in den Bezirken und zentral fanden Verkehrssicherheitskonferenzen statt. Ein Kollektiv unter Leitung von Karl Peglau, leitender Verkehrspsychologe beim Medizinischen Dienst des Verkehrswesens der DDR/ Direktion Berlin und Mitglied der Ständigen Kommission Verkehr beim Magistrat von Groß-Berlin, und Siegfried Kirchner, Leiter der Versuchs- und Entwicklungsstelle des Straßenwesens der DDR, erhielt den Auftrag, Vorschläge zur Verbesserung der Straßenverkehrsampeln auszuarbeiten. Entsprechend den verkehrsphilosophischen Grundlagen unseres Staates sollte ein Sicherheitskonzept verwirklicht werden, das getrennt zu leitende Verkehrsströme im Straßenverkehr regelt. Ein erster Vorschlag zielte darauf, das Risiko zu verkleinern, indem man unsere Menschen nicht mehr in die Risikozonen ließ. Dazu sollten an Kreuzungen und Übergängen Gitter, kleine zaunähnliche Gebilde, aufgestellt werden, damit die Menschen nicht mehr einfach über die Straße laufen könnten. Doch diese Idee entsprach nicht dem humanistischen Menschenbild unserer Gesellschaft. Außerdem hätte es ästhetisch und städtearchitektonisch nicht schön ausgesehen, wenn die Bürger in den DDR-Städten ständig hinter Gittern herumgerannt wären. Und nicht zuletzt wurde das Material dringend für andere Sicherheits- und Absperrmaß-

Auf zu neuen verkehrstechnischen Ufern

1955

✗ 1. Februar: In Ludwigsfelde läuft der erste Roller vom Band. Bis 1962 werden die Motorroller Pitty, Wiesel, Berlin und Troll in einer Gesamtstückzahl von 233 215 Stück produziert

✗ 16. Oktober: Start zur ersten Motorradgeländefahrt »Rund um Zschopau«

✗ 18. Oktober:  *Eisenach stellt den Wartburg 311 vor; ab Dezember trägt das Werk den Namen VEB Automobilwerk Eisenach – AWE*

✗ 2. Dezember: Start zur I. Rallye Wartburg

✗ VEB Fahrzeug- und Jagdwaffenwerk Ernst Thälmann Suhl beginnt mit der Produktion von Kleinkrafträdern

Eine alte Frau steht an der Ampel und spricht einen Pionier an: »Kannst du mir wohl bitte über die Straße helfen?«
»Selbstverständlich, gerne«, sagt der Pionier, »das mach ich, sobald die Ampel grün wird.«
Da schüttelt die alte Frau den Kopf: »Bei Grün, mein Junge, schaff ich das selber.«

»Schon gehört? Gestern ist der Dachdecker von einem Auto angefahren worden!«
»Schrecklich, dieser Verkehr in der heutigen Zeit! Nicht einmal auf dem Dach ist man noch sicher.«

Das 1961 im Auftrag des Verkehrsministeriums vom Verkehrspsychologen Karl Peglau entwickelte »Ampelmännchen«.

nahmen gebraucht, zum Beispiel für den antifaschistischen Schutzwall an der Nahtstelle zum imperialistischen Weltsystem.

Wieder einmal war es Walter Ulbricht, der darauf hinwies, dass sich progressives Denken nicht auf die Regelung des Verkehrs beschränke. Da in der DDR der Mensch im Mittelpunkt stehe, sei man auch bei verkehrstechnischen Reglementierungsmaßnahmen einem humanistischen Ansatz verpflichtet. Deshalb sollten selbst Ampelanlagen das leidenschaftliche Lebensgefühl der sozialistischen Menschengemeinschaft preisen, den Menschen in seiner Ganzheitlichkeit ansprechen und nicht irgendwelchen idealistischen Utopien hinterherhinken. Nicht alle Bürger besäßen solche Adleraugen wie DEFA-Chefindianer Gojko Mitic, der sogar von weitem kleinste Lichtsignale erkennen kann, oder waren Sprinter wie Karin Balzer, die in Windeseile über die Fahrbahn huscht. Viel-

lakataktion

f Initiative der Arbeits-
uppe „Sicherheit im
raßenverkehr" der
adt Dresden entstan-
n diese Plakate zum
hr des Fußgängers".
wurden in allen öf-
ntlichen Verkehrsmit-
n der Stadt angebracht
d regen so unaufdring-
n die Fahrgäste zum
chdenken über die
rgestellten Situationen
d zum Befolgen der
tschläge an.

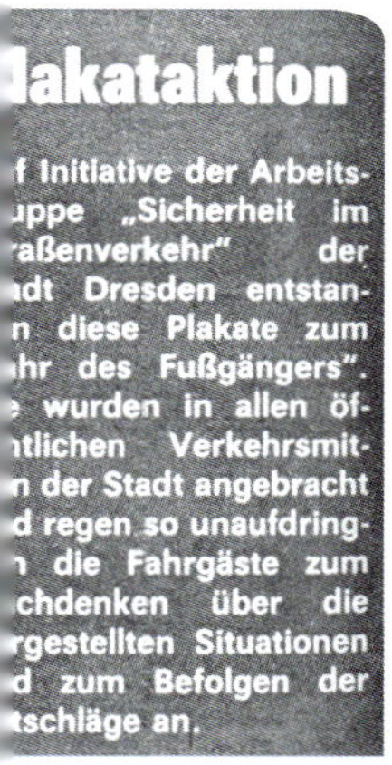

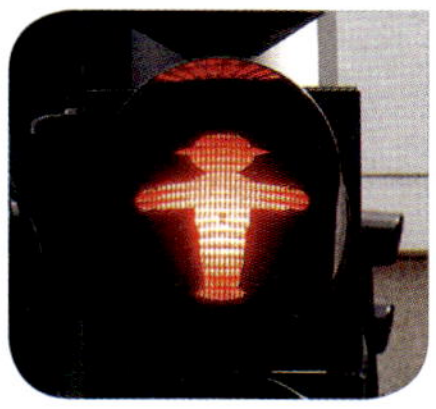

Bild 13
für Radfahrer:
Verkehrsrichtung freigegeben

Bild 14
für Radfahrer:
Halt bzw. Fahrbahn verlassen

Zu § 3 Absatz 6:

Bild 25
Befahren der Fahrspur untersagt

Bild 26
Befahren der Fahrspur erlaubt

mehr gebe es auch ältere Menschen und Kinder, denen es schwer fiele, komplizierte Verkehrssituationen zu überblicken, sowie kranke, farbuntüchtige oder bequeme, undisziplinierte Menschen, die man nicht einfach vom Verkehr ausschließen könne, schon gar nicht als Fußgänger. Nicht die Bürger suchten sich die Ampel aus, sondern die Ampel müsse den Bürgern ins Auge springen.

Dank dieser Fingerzeige konnte das Kollektiv um Peglau/Kirchner sein Konzept für Reglementierungsmaßnahmen erfolgreich überarbeiten. Der neue Entwurf ging von einer »Gesamtampelage« aus, d.h. von Lichtsignalgebern und Fußgängerampeln, die den Grundgedanken verkörperten »Sicherheit schaffen ist besser als Sicherheit fordern«. Zudem boten sie eine doppelte Sicherheit: die Farbe als erstes und die Form als zweites Sicherheitsmoment. Das spiegelt sich im roten Quer- beziehungsweise Sperrbalken für »Halt!« oder »Stop!« wider, ebenso im gelben Kreis für »Achtung!« und im grünen Pfeil für »Gehen!« bzw. »Fahren!«. Diese gestaltpsychologischen Elemente mit den großen Grün- beziehungsweise Rotflächen, die jedem Bürger sein Verkehrsverhalten deutlich signalisieren, findet man auch an den Fußgängerampeln: die ausgebreiteten Arme des roten Männchens, des Stehers, und das dynamisierte Grün des Gehers. Urheberin der Figuren war übrigens »Ännchen« Wehner, Sekretärin von Karl Peglau, die ihrem Chef helfen wollte und als Hobby-Zeichnerin nebenbei auch Glückwunschkarten anfertigte. Nicht um »etwas Humor in den tristen DDR-Alltag« zu bringen – wie westliche Verkehrspsychologen es gern hineininterpretieren –, sondern um dem großen Ideengeber Nikita Chruschtschow zu huldigen, gab sie dem Ampelmännchen die volkstümliche Statur des KPdSU-Generalsekretärs und setzte ihm noch einen breitkrempigen flachen Hut auf.

Die Vorschläge wurden 1961 einer breiten Öffentlichkeit vorgestellt, so in der »BZ am Abend«, der »Berliner Zeitung« und im »Neuen Deutschland«.

Es kam zu einer konstruktiven Volksaussprache, an der sich besonders viele Berufskraftfahrer aktiv beteiligten und in deren Ergebnis sich eine überwältigende Mehrheit von 99 Prozent der

Auf zu neuen verkehrstechnischen Ufern

Hast du schon gehört,
Erich Honecker fährt mit
dem Traktor durch Berlin.
Warum denn das?
Er sucht seine Anhänger.

1956

✗ 1. Januar: Der VEB Kombinat MINOL wird gegründet

✗ März: Beschluss des Rates für gegenseitige Wirtschaftshilfe (RGW), in der DDR nur noch kleine und mittlere Pkw und Lkw unter 5 Tonnen Nutzlast zu produzieren

✗ 3. Oktober: Sachsenring Zwickau stellt den P50 vor

✗ Einführung eines neuen Stoppschildes in der DDR

✗ MZ Zschopau präsentiert die ES 250, die erste 250er Maschine nach dem Krieg

✗ Ludwigsfelde baut den Roller SR 56 »Wiesel«

✗ Auflösung des AWE-Rennkollektivs in Eisenach

✗ Eröffnung des Verkehrsmuseums im Dresdener Johanneum

✗ In der VEB LOWA Waggonbau Bautzen werden die Doppelstockbusse DO 54 und DO 56 in Zusammenarbeit mit den Berliner Verkehrsbetrieben entwickelt

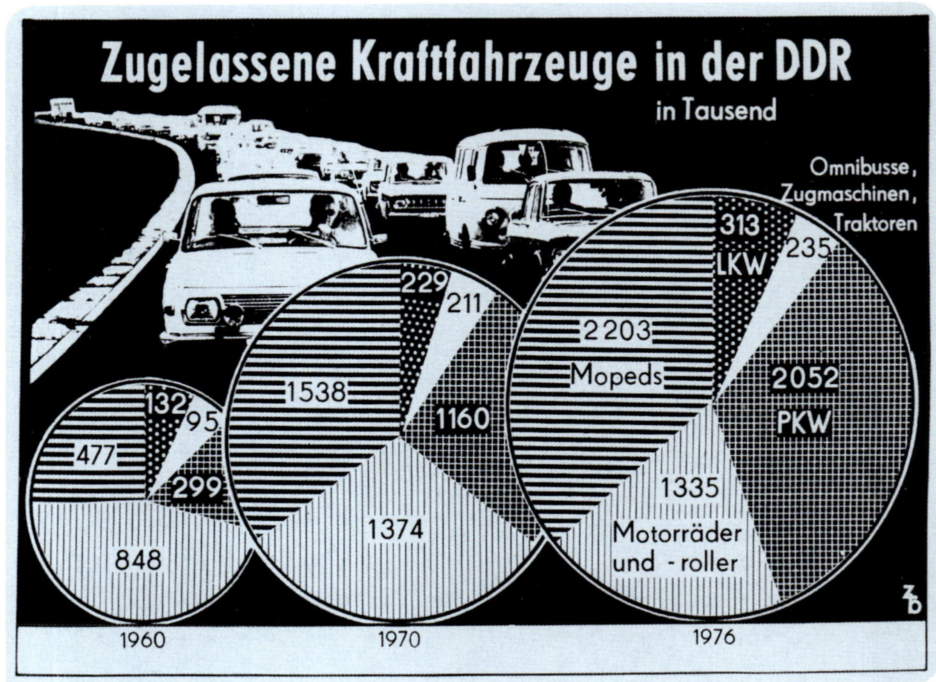

Der in der DDR 1978 eingeführte »grüne Pfeil« sollte 1990 verschwinden. Da die Schilder nicht rechtzeitig abgebaut wurden, verlängerte eine Ausnahme-Verordnung ihre Geltung. 1998 wurde der grüne Pfeil (korrekt: Grünpfeil) bundesweit eingeführt.

Stimmen für die Entwürfe aussprach. Damit war der Weg frei für die industrielle Serienfertigung von Ampeln im VEB Signaltechnik in Wildenfels unter Leitung seines Betriebsdirektors Joachim Roßberg. Zum rechtsverbindlichen Standard wurden die Lichtsignalbilder 1974 mit der TGL (Technische Güte- und Lieferbedingungen) 12096, Blatt 4. Trotz dieser gesetzlichen Regelung waren die Ampelmännchen natürlich kein Dogma, sondern Anleitung zum Handeln. Gemäß dem Motto »Die Kunst dem Volke!« wurden sie in vielen Städten schöpferisch weiterentwickelt. So gibt es grüne Männchen mit Rucksack und Pfeife, mit der Eistüte in der Hand oder mit Regenschirm. Allerdings wurden nur Veränderungen am grünen Männchen gestattet, das rote blieb tabu.

Letzteres hat seinen guten Grund. Denn Rot ist die Farbe des Proletariats und seiner Fahne. Rot verkörpert das Blut, das in zahlreichen Klassenkämpfen um die Verwirklichung der historischen Mission der Arbeiterklasse geflossen ist. Rot ist somit auch Synonym ihrer Macht. Es erheischt Respekt, gebietet Einhalt und warnt: »Halt! Bis hierher und nicht weiter!« Nur der rote Steher besitzt die Kraft, das Warten zu beenden und den Aufbruch zu neuen Ufern zu gestatten. An dieser Autorität lassen wir nicht rütteln, auch nicht an Straßenkreuzungen.

Damit wird auch deutlich, dass diese Figur einen festen, unverrückbaren Klassenstandpunkt hat. Sie kann nichts so leicht umwerfen: Auf festen Positionen ruhend, kann man sicher und optimistisch in die Zukunft schreiten.

Diese andere Seite der Dialektik, der Einheit und des Kampfes der Widersprüche, stellt wiederum der grüne Zwillingsbruder dar. Kulturhistorisch verweist er in seiner Beweglichkeit auf das Sonnenzeichen auf dem Fußabdruck Buddhas und damit auf das Symbol vom Weltenrad. Das grüne Ampelmännchen ist freilich nicht nur Rad im Getriebe der Geschichte, sondern aktiver Antreiber. Ähnlich dem Götterboten Hermes, dem Beschützer der Reisenden. Es weist ihnen Weg und Richtung – wie die Partei. Kraftvoll, mit ausgreifendem Schritt, geblähten Backen, keck die Nase im Wind, der Hut schon fast in den Nacken gerutscht, die geballte Faust nach vorn – so geht es voran. Im Marschschritt unserer Epoche drängt es unaufhaltsam vorwärts zu den lichten Höhen. Alles untermalt von einem satten Grün – der Farbe der Hoffnung.

Letztlich verdeutlichen die Ampelmännchen den Klassengegensatz zwischen Sozialismus und Kapitalismus, zwischen DDR und BRD. Die dortigen Symbolfiguren stehen für die existenzielle Verlorenheit der menschlichen Seelen und deren Hoffen auf einen Messias. Das rote und grüne Signal verkümmern zum Medium, das lediglich eine simple Botschaft verheißt. Doch alle bürgerlichen Manipulationsversuche können nicht darüber hinwegtäuschen, dass diese steifen, ausgezehrten und spindeldürren Strichmännchen in ihrer charakterlosen Präsenz nur Unterdrückung, Ausbeutung und Zukunftsangst versinnbildlichen.

Solche Alltagssorgen plagen uns in der DDR nicht. Auch weiterhin werden wir uns an dem aufheiternden Anblick der forschen Ampelmännchen erfreuen. Es sind charakter- und humorvolle, sinnliche und haptische Figuren des öffentlichen Alltags. In ihrer kindlichen Gestalt mit großem Kopf und kurzen Beinen sind sie wie der Sozialismus, der noch in den Kinderschuhen steckt. Sie haben zwar einen kleinen Bauchansatz, doch der erinnert mehr an den Babyspeck, den man sich schnell abrennt. Außerdem können etwas Leibesfülle und erotische Schwungmasse nicht schaden, zumal sie Lebensfreude und Genussfähigkeit signalisieren. In ihrer anschaulichen Konkretheit sprechen uns die Ampelmännchen freundlich an, sich freiwillig ins System einzufügen – in das des Straßenverkehrs und in das des Sozialismus.

Auf zu neuen verkehrstechnischen Ufern

Der Trabant ist sogar im Marxismus verankert! Wie steht es im »Kapital«: »Es gibt Gebrauchswerte ohne Wert.«

»Heute sind sie wieder alle auf den Beinen!«

Auf zwei Rädern unterwegs

Nr. 00007*

Von komischen Vögeln in Kotzen

O.U., den 28. 11. 1989

Autor: Thomas Heubner | T.H.

In den fünfziger Jahren wächst der Drang zur Mobilität. Das Industriewerk Ludwigsfelde bringt den ersten Motorroller auf den Markt. Von Februar 1955 bis April 1956 laufen 11 293 Roller Typ Pitty (Abbildung) vom Band. Das bauchige Vorderradschutzblech gibt dem Pitty sein markantes Aussehen. Als Sonderzubehör sind Kindersitz, der einrädrige Anhänger Campi, ein auf das Ersatzrad zu montierender Gepäckträger, Windschutzscheibe und Zierleisten erhältlich. Dem Pitty folgen die Modelle Wiesel, Berlin und Troll. Bis 1962 werden in Ludwigsfelde 233 215 Motorroller produziert.

1957

✘ 1. Januar: Neue StVO: Höchstgeschwindigkeit innerhalb geschlossener Ortschaften 50 km/h; außerhalb Tempo 80, LKW 60, auf Autobahnen Tempo 100

✘ 1. Januar: Umbenennung der Phänomen-Werke in VEB Robur-Werke Zittau und des Horch-Granit in Garant; Angliederung des Karosseriewerks Bautzen und des Motorenwerks Kamenz

✘ 7. November: Der erste Trabant P50 geht in Zwickau in die Nullserie

✘ Erste erfolgreiche Testversuche zur Zulassung von Gehörlosen als Kraftfahrer im öffentlichen Straßenverkehr

ALLGEMEINER DEUTSCHER MOTORSPORT VERBAND ADMV

✘ 2. Juni: Gründung des Allgemeinen Deutschen Motorsport Verbandes (ADMV); der 18 Disziplinen vereint; Manfred von Brauchitsch wird erster Präsident

✘ Das Fahrzeugwerk Waltershausen übernimmt von Ludwigsfelde den Bau des Kleintransporters »Dieselameise«

Schuld waren die Russen. Und dass man sie nicht verstehen konnte, rein sprachlich. Als sie damals im April 45 auf ihren Panjewagen ins Dorf kamen, wusste keiner von den Einwohnern, was sie eigentlich suchten. Erst als ein Soldat Vaters Kompass – der nur einen Zeiger besaß und nicht ticktack machte – auf den Steinfußboden schmiss, wütend darauf herumtrampelte und brüllte »Gitler kaputt, Uri kaputt!«, dämmerte es den Eltern, was sie wollten. Folglich leisteten sie keinen Widerstand, als die Russen den Hühnerschreck aus dem Stall schoben und einfach beschlagnahmten. Auf Nimmerwiedersehen geklaut!

Jürgen Schuster hatte damals geheult wie ein Schlosshund. Das schöne Elite Diamant-Fahrrad mit MAW-Hilfsmotor und Karbidlampe! Er durfte auf dem Gepäckträger sitzen, wenn Mutter damit sonntags früh zur roten Backsteinkirche fuhr. Vielleicht wog dieser Verlust so schwer, dass er seitdem nicht mehr auf einen fahrbaren zweirädrigen Untersatz verzichten konnte. Und natürlich hatte ihm auch Vater diesen Floh ins Ohr gesetzt, wie die Mutter immer mit spitzer Zunge behauptete.

Denn der Alte war ein Motorradnarr. Er besaß anfangs sogar zwei davon. Die AWO 425 war sein Dienstfahrzeug, das stand ihm als Bürgermeister von Kotzen mit seinen knapp 400 Einwohnern zur Verfügung. Mit der Karre fuhr er durchs Dorf, zur Ernteschlacht auf die Felder der neuen LPG vom Typ I und zum Kreis oder Bezirk nach Rathenow beziehungsweise Potsdam. Wenn er den Kickstarter drei-, viermal getreten hatte, bullerte der Viertaktmotor mit seinen 250 Kubik immer mächtig los. Die Tourenmaschine stammte aus dem Simson-Werk Suhl, aus dem die Nazis das Gustloff-Waffenwerk gemacht hatten und das nun zur sowjetischen Aktiengesellschaft Awtowelo gehörte. Daher auch der seltsame Name AWO, wobei die 4 für Viertakter und die 25 für 250 Kubikzentimeter Hubraum steht. Wenn sie Bürgermeister Schuster, von seinen Agitationseinsätzen zurückkehrend, auf seiner AWO sahen oder hörten, sagten die Kotzener im-

Eine Awo mit Beiwagen Marke Eigenbau.

mer respektvoll: »Der Dampfhammer kommt.« Der Alte wusste allerdings nicht, ob er persönlich damit gemeint war oder sein Dienstfahrzeug.

Weil die AWO aber nur einen Sitz für den Fahrer hatte und die Partei dagegen war, dass Volkseigentum zu Privateigentum gemacht wurde, legte er sich für Familienfahrten eine zweite Maschine zu und bezahlte dafür bei der HO über 2000 Mark. Die EMW R 35/3 aus Eisenach sah der AWO auf den ersten Blick zum Verwechseln ähnlich. Man kam mit ihr ebenfalls über 100 Stundenkilometer, sie besaß auch einen luftgekühlten, kopfgesteuerten Einzylinder-Viertaktmotor sowie ein Viergang-Getriebe mit Fußschaltung. Aber die robuste »Benzinkuh«, wie Vater Schuster sie liebevoll nannte, hatte fast 100 Kubik mehr Hubraum, besaß eine ölgedämpften Vorder- und Hinterradfederung und war vor allem nicht nur als Soziusmaschine, sondern auch im Gespannbetrieb einsetzbar. Das heißt, zu den Wochenendausflügen saßen hinten immer die Mutter und im Beiwagen Klein-Jürgen. Allerdings wurde der Seitenwagen stets abmontiert, wenn der Alte zum Lehrgang nach Potsdam fuhr, ans Institut für Staat und Recht. Weil nämlich die alten Länder in der DDR aufgelöst waren und eine Neugliederung in Bezirke erfolgte, musste er nochmals die Schulbank drücken. Nicht die der Fahrschule, sondern wie Demokratie sozialistisch und zentralistisch funktioniert. Übrigens trat auch hier Sohn Jürgen in des Vaters Fußstapfen, nur hieß das Institut dann »Akademie für Staats- und Rechtswissenschaften«, und man konnte dort sogar Doktor oder Professor werden.

Vor jener Zeit hatte Jürgen nicht mehr die Christenlehre beim Dorfpfarrer besucht und statt dessen bei der neu eingeführten Jugendweihe mitgemacht. Es ging recht feierlich zu, es gab das dicke Buch »Weltall, Erde, Mensch« und auch nette Geschenke von den Verwandten. Doch das Wichtigste: Man war endlich 14 und durfte offiziell Moped fahren. Diesen langgehegten Traum hatte er sich vom Munde abgespart, jedes Fünfzig-Pfennig-Stück Taschengeld eisern beiseite gelegt, jeden Lohn vom Kartoffellesen in den Herbstferien zusammengehalten. Nun stand das Prachtstück vor ihm: ein braunes Simson-Moped SR 1 aus dem VEB Fahrzeug- und Jagdwaffenwerk »Ernst Thälmann« Suhl. Das wunderbare Kleinkraftrad hatte die Kraft von anderthalb Pferden und kam damit auf fast 50 Stundenkilometer. Zum Starten musste man die Pedalen antreten, und dann ging es los mit zwei Gängen.

Da auch ein paar seiner Freunde sich solch ein Moped zugelegt hatten, machte es Riesenspaß, in der Gruppe auf der Kotzener Dorfstraße herumzukurven. Und es machte einen Höllenlärm. Die alten Weiber meckerten zwar, dass die Hühnerschrecks verboten werden und der ABVer, der Dorfsheriff, das unterbinden müsse. Doch

Von komischen Vögeln in Kotzen

Ein Motorradfahrer ist auf seiner MZ in einer eisigen Nacht unterwegs. Weil ihm der Wind so stark durch den Reißverschluss seiner Jacke zieht, hält er an und zieht seine Jacke verkehrt herum an, also mit dem Reißverschluss auf dem Rücken. Einige Kilometer weiter hat er einen Verkehrsunfall und wird schwer verletzt. Als der Rettungswagen eintrifft und die Sanitäter nur noch den Tod des Motorradfahrers feststellen können, fragen sie die Ersthelfer: »Hat der Motorradfahrer noch irgendwas gesagt?« Einer der Passanten antwortet: »Zuerst hat er noch gestöhnt, aber nachdem wir den Kopf richtig herumgedreht haben, war er still.«

dabei blieb es auch. Aus Jux nannten sich die Jungs insgeheim »Hühner-Bande«. Freilich nicht, um im Kollektiv Federvieh zu stehlen, sondern weil man sich neben den Zweirädern auch für Mädchen zu interessieren begann. Bei den Erkundungstouren auf den Mopeds wurden die Kreise deshalb immer größer gezogen, man getraute sich selbst über die Bezirksgrenzen. Sie fuhren zwar nicht wie zwei Dresdener Ingenieure auf ihren SR 2 Simson-Mopeds 50 000 Kilometer durch 30 Länder, aber immerhin ging es bis nach Busendorf und Hammelspring, bis Kuhbier und Schabernack.

In dieser bewegten Zeit fanden Jürgen und seine Kumpels auch zunehmend Gefallen an der Musik. Nicht an der von Helga Brauer und ihrem Lipsi-Tanz. Ihre Idole hießen Little Richard, Elvis Presley und Chuck Berry, und es ging um Rock'n'Roll. Um das mitzuerleben, wagten sie es sogar, nach Westberlin in den Sportpalast zu fahren. Es war das Größte! Der Mann mit der Schmalzlocke, Bill Haley mit seinen Comets im Konzert – »Whole Lotta Shakin' Goin' On«, »ABC-Boogie« und »See You Later Alligator« ... Es gab tatsächlich ein Nachspiel, eine FDJ-Versammlung im Lehrbetrieb. Der FDJ-Chef und der Parteisekretär schwafelten von einem »berüchtigten Rock'n'Roll-Gangster«, einer »Orgie der amerikanischen Unkultur«, von einem »Kometen der Triebentfesselung« und von einem »Destillat aus allen Widerwärtigkeiten unserer Zeit«. Die ertappten jungen Sozialisten nickten selbstkritisch und fuhren am nächsten Sonnabend wieder zum Tanz, nach Philadelphia, ganz in der Nähe von Storkow. Es war Jürgen Schusters Glückstag. Nicht nur, weil sie trotz Schmalztolle, Lederjacke und Nietenhose auf den Tanzsaal gelassen wurden, sondern weil er sich auch zwischen »Sweet little Sixteen« und »Rock around the clock« richtig entschieden hatte. Genauer gesagt zwischen Barbara und Ulrike. Die schwarzen Haare zum kecken Pferdeschwanz gebunden, Ringelsöckchen und der wippende Petticoat – es war für Jürgen Liebe auf den ersten Blick. Er konnte mit Ulrike wunderbar auseinander tanzen, eben richtig Rock'n'Roll, so mit Hüftschwung und Überwurf. Außerdem fuhr das Mädchen nicht wie ihre Freundin dieses weinrote »Damenmoped«, diesen KR 50. Sie war viel reifer, erwachsener und klüger – und fuhr einen Pitty. Der moderne Stadtroller war genauso formschön wie seine Besitzerin, nur etwas pummliger. Er wurde im Heimatbezirk Potsdam hergestellt, im IWL, im VEB Industriewerke Ludwigsfelde. Die Konstrukteure hatten im Parteiauftrag schon 1953 innerhalb von 81 Tagen, bis zu Stalins Geburtstag, ein funktionsfähiges Versuchsmuster gebaut, und es dauerte nur anderthalb

Von komischen Vögeln in Kotzen

Simson/AWO 425-Sportmodell und AWO 425-Tourenmodell mit Seitenwagen.

Woran erkennt man freundliche Motorradfahrer?
An den Fliegen zwischen den Zähnen.

Ein Mopedfahrer fährt mit seiner Schwalbe auf der Landstraße und wird von einem Polizisten angehalten: »Allgemeine Verkehrskontrolle, würden Sie bitte den Gurt ablegen und aussteigen!«
Darauf der Mopedfahrer: »Reicht's, wenn ich die Scheibe runterleire?«

Was ist der Unterschied zwischen einem Glatzkopf und einem Moped?
Ein Moped kannst du frisieren!

An einer Ampel hält hinter einem Auto ein Motorradfahrer. Nach wenigen Sekunden fällt der Motorradfahrer einfach um. Der Autofahrer steigt aus und hilft, das Motorrad wieder aufzurichten. Dieses Spielchen wiederholt sich nun einige Ampeln lang, bis der Autofahrer fragt: »Sagen Sie mal, was ist denn mit Ihnen los? Warum kippen Sie an jeder Ampel um?«
Der Motorradfahrer: »Ach, ich weiß auch nicht, meine Frau hat sich scheiden lassen!«
Autofahrer: »Was hat das denn damit zu tun?«
Motorradfahrer: »Sie hat den Beiwagen bekommen!«

Jahre, bis das Produktionsband anlief. Mit ihrem 2300 Mark teuren Pitty, seinen 5,5 PS, drei Gängen und 80 Sachen Höchstgeschwindigkeit konnte Ulrike ihren Jürgen auf seinem klapprigen SR 1 mühelos abhängen. Was Ulrike aber zum Glück nicht tat. Ganz im Gegenteil.

Ein Jahr später brachte sie das Opfer und zog von Neu Boston zu ihm nach Kotzen. Überglücklich vollzogen sie die sozialistische Eheschließung und erhielten Nachwuchs.

Sie bekam einen neuen Roller – keinen Wiesel oder Troll oder den tschechischen Cezeta-Roller, wohl aber den letzten Schrei aus Ludwigsfelde, den Berlin SR 59. Für das gleiche Geld wie für den Pitty gab es wesentlich mehr: 7,5 PS, 150 Kubik, Vierganggetriebe, eine Höchstgeschwindigkeit von 83 Stundenkilometern, wie auch in die Parallelogrammfederung des Hinterrades ein Stoßdämpfer eingezogen wurde, womit schlechte Straßen kein Problem mehr waren. Die Nebenkosten, obwohl das für die gut verdienende Betriebszeitungsredakteurin im EAW Treptow keine Rolle spielte, hielten sich mit 24 Mark Kfz-Steuer und 21,30 Mark Haftpflicht in vertretbaren Grenzen. Ulrike konnte der Ludwigsfelder Werbung nur zustimmen: »Für alt und jung ein Quell der Freude!«

Selbstverständlich ging auch Jürgen Schuster, nunmehr Kotzens neuer Bürgermeister, nicht leer aus. Zu seinem 25. Geburtstag durfte er mit Zustimmung seiner Frau eine 250er Jawa kaufen. Die Motoren der Maschine wurde in Prag hergestellt, Gießerei und Endmontage standen in Tynec. Die Jawa war für

Mopedversandlager des Fahrzeug- und Gerätewerks Simson Suhl, 1957. »Bereits 150 000 Mopeds sind den Werktätigen in unserer Republik zu einem treuen Helfer geworden.«

ihn perfekt – wie seine Frau: alltagstauglich, pflegeleicht und anspruchslos. Vor allem hatte sie 14 PS, und er vermochte – wie Walter Ulbricht es gefordert hatte – Ulrike auf ihrem Berlin-Roller mühelos überholen ohne einzuholen.

Ein paar Jahre später war Jürgen Schuster mit der Jawa nicht mehr so zufrieden. Denn nach dem Prager Frühling von 1968 war in ihm ein neuer sozialistischer Nationalstolz erwacht. Vor allem seit Neckermann MZ-Motorräder im Westen verkaufte, das Trophy-Team bei den Six Days Sieg um Sieg nach Hause fuhr und die DDR-Sportler zur Olympiade in Grenoble und Mexiko grandiosen Erfolge erzielten, wollte er nun unbedingt auch aus heimischer volkseigener Produktion ein Motorrad fahren. Und zwar das Neueste vom Neuen, eine MZ ETS 250 Trophy Sport aus dem Motorradwerk Zschopau.

Da das NÖSPL, das Neue Ökonomische System der Planung und Leitung, in der DDR gerade in voller Blüte stand und man bei Motorrädern nicht so lange Wartezeiten wie bei Autos hatte, konnte sich Jürgen Schuster diesen Wunsch rasch erfüllen. Mit etwas mehr als 3000 Mark war er dabei. Das gelb-schwarze Gefährt war imposant, gestalterisch gelungen, sah aus wie eine Geländemaschine, nur bulliger, hat Vorderradschwinge und Telegabel und 19 PS. Damit könnte man richtige Rennen fahren. Manchmal kam er sich schon vor wie die MZ-Rennfahrer Ernst Degner und Alan Shepherd oder wie der Sechs-Tage-Sieger Fred Willamowsky. Aber als er die Jugendlichen in Kotzen sah, wusste er, dass er aus diesem Alter leider heraus war.

Deren Frisur war nicht mehr die Ente, sie ließen sich die Haare über Ohren und Kragen wachsen und grölten bei stampfender Musik »Satisfaction«. Außerdem hatte fast jeder der Jungen einen Vogel. Ja, im Dorf grassierte eine

Von komischen Vögeln in Kotzen

ADN meldet: »Bis zum 10. Jahrestag der DDR wollen die Arbeiter und Angestellten des VEB Industriewerke Ludwigsfelde ihren Produktionsrückstand in Straßenrollern ›Berlin‹ aufgeholt und bis zum Jahresende 30 000 Stück ausgeliefert haben.«

1958

- Auf der Frühjahrsmesse stellt das Zwickauer Horch Werk den Nachfolger des Lkw H 3 S, den S 4000 vor, auf der Herbstmesse folgt der S 4000-1
- 14. April: Der Rat der Stadt Teterow beschließt die Stiftung des silbernen »Bergring Pokals« beim jährlichen Pfingstrennen auf dem Teterower Bergring
- 1. Mai: Die beiden Zwickauer Werke VEB Audi und VEB Kraftfahrzeug- und Motorenwerk Zwickau KMZ, vorm. Horch, schließen sich zum VEB Sachsenring Automobilwerke Zwickau zusammen
- 10. Juli: In Zwickau geht der P50/1 mit Frontmotor und Frontantrieb in Vorserie
- September: Beginn der Serienfertigung des Trabant P50/1; der letzte »Sachsenring P240« läuft vom Band
- Im Fahrzeugwerk Waltershausen Aufnahme des Models M 21; der Name »Multicar« wird geboren

regelrechte Vogelseuche. Und Simson-Suhl hatten Namen dafür: Spatz, Star, Sperber, Habicht und Schwalbe. Im Gegensatz zu seiner Sturm-und-Drang-Zeit sah Jürgen Schuster, dass im Land und im Dorf der Wohlstand ausgebrochen war. Zumindest war es bei der Jugendweihe mittlerweile Pflicht geworden, den halbwüchsigen Burschen wenigstens ein Moped oder Mofa zu schenken. Allerdings war im Verhältnis zum materiellen Überfluss das handwerkliche Geschick disproportional gewachsen. Mehr als einmal sah Jürgen Schuster, wie ein Jüngling hilflos vor seiner leblosen Schwalbe hockte, nur weil er nicht imstande war, dem kleinen Motor wieder Leben einzuhauchen. Dann wurde der Bürgermeister, der schon in der Schule beim UTP, dem Unterrichtstag in der Produktion, gut aufgepasst hatte, von Mitleid übermannt.

Er zeigte dem Jungen, dass weder mehrmaliges Treten des Kickstarters etwas brachte, noch der Bock durch sinnloses Anschieben ansprang. Also als Erstes Zündkerze rausdrehen, denn das Kerzengesicht sagt schon viel über mögliche Störungen. Ist die Kerze völlig trocken, liegt's vermutlich am Vergaser, ist sie nass, ist wahrscheinlich die Zündung defekt. Bei Letzterem jedoch erst einmal eine neue Zündkerze probieren, bevor die ganze Karre in Einzelteile zerlegt wird. Also Zündkabel aus dem Kerzenstecker herausdrehen, in etwa fünf Millimetern Abstand zu Fahrzeugmasse halten und erneut probieren. Wenn es jetzt funkt, ist der Stecker nur noch Schrott!

1967 laufen die neuen Modelle MZ ES 250-2 im Motorradwerk Zschopau vom Band und werden erstmals auf der Leipziger Frühjahrsmesse der Öffentlichkeit vorgestellt.

Behindertenfahrzeug Duo 4/1, auch Schwalbennest genannt.

Mit solchen Kunststückchen gelang es ihm, die Dorfjugend zu begeistern. Für die Sache. Und darüber hinaus konnte er auch den Duo reparieren, das Fahrzeug seines altgewordenen und leicht gehbehinderten Vaters. Das war für Jürgen kein Problem, da das Gefährt im Prinzip eine überdachte Schwalbe auf drei Rädern war. Mit seiner fast einen Meter breiten Sitzbank zudem ein echter Zweisitzer, also nicht nur etwas für Individualisten. Verständlich, dass er und Ulrike bei Regenwetter auch mal in den Duo umstiegen. Genauso verständlich, dass dann bald der erste Trabi in die Familie Einzug hielt.

Wenn Jürgen und Ulrike Schuster damit zum Beat-Keller nach Berlin-Treptow fahren und der Diskjockey dann »Motor-Biene« auflegt, geht die Oldie-Party so richtig los.

- ✘ Umbenennung der »Framo« Frankenberger Motorenwerk in »Barkas-Werke«; Vereinigung der Betriebe VEB Barkas-Werke Hainichen, Motorenwerk Karl-Marx-Stadt, Fahrzeugwerk Karl-Marx-Stadt, Einspritzpumpenteilewerk Wolfpfütz zu VEB Barkas-Werke Karl-Marx-Stadt
- ✘ Bei MZ Zschopau Weiterentwicklung der 125er MZ zur RT 125/3 und RT 125/4; erste WM-Siege für MZ und Vizeweltmeister in der 250er Klasse
- ✘ Einweihung der Speedwaybahn im Stralsunder Paul-Greifzu-Stadion

Extras in den Farben der DDR

Nr. 00008*

Die Staatskarossen

O.U., den 28. 11. 1989

Autor: Thomas Heubner

Die Armeeführung nimmt die Militärparade anlässlich des 1. Mai 1959 im Tschaika ab. Auch als die Partei- und Staatsführung in den Siebzigern auf Volvo umstieg, dienten Tschaikas weiterhin als Repräsentationsfahrzeuge der NVA. Bei den Paraden zum 7. Oktober meldete der Chef der Landstreitkräfte, Generaloberst Horst Stechbarth, aus dem Tschaika mit dem Kennzeichen VA 14-0601 an den Verteidigungsminister Heinz Hoffmann (ab 1985 an Heinz Keßler) im Tschaika VA 14-0600 die Bereitschaft der Truppen zur Parade.

Als Honecker Franz Josef Strauß auf der Leipziger Messe trifft, fragt er: »Können Sie mir auch ein so schickes Auto besorgen, wie Sie selber fahren?« Jovial sagt Strauß: »Klar, das geht seinen sozialistischen Gang.« Darauf Honecker: »Ach nein, das dauert mir zu lange.«

Der weise Lenin hatte die Aufsicht über den Wagenpark der Regierung in die Hände seines Tscheka-Chefs Feliks Edmundowitsch Dzierzynski gelegt, der zugleich der Volkskommissar für Verkehrswesen war. Sowjetmacht, sagte sich Feliks, das ist gleich Sozialismus plus Mobilität, und bestellte in England zehn Rolls Royce, Sechszylinder mit 50 PS, die Siegesgöttin Viktoria auf der Kühlerhaube. Der bescheidene Lenin bestellte den Volkskommissar zu sich und rügte ihn im Geiste revolutionärer Sparsamkeit. »Mussten es denn gleich zehn sein? Hätte nicht einer genügt?« – »Nun, Genosse Vorsitzender des Rates der Volkskommissare, Väterchen Lenin, sieh es so: Ersatzteile haben die Engländer nicht mitgeliefert, sei froh, wenn überhaupt einer der Wagen am Laufen zu halten ist.« Der einsichtige Lenin ließ seinen Wagen von den Arbeitern der Putilow-Werke zu einem Kettenfahrzeug umbauen und stellte ihn in den Dienst der Revolution. Von der Sowjetunion lernen heißt siegen lernen, sagten sich die Genossen im ZK der SED. Ergo: Staatskarossen importiert man. Umbauten, sprich Sonderausführungen sind erforderlich.

Mit Ausnahme von Präsident Wilhelm Pieck, der sich Anfang der fünfziger Jahre noch in einem Horch-Achtzylinder chauffieren ließ, bevorzugten die anderen führenden Genossen die sowjetischen Modelle aus dem Stalin- und späteren Lenin-Werk in Moskau. Die höheren Nomenklaturkader liebten besonders den chromblitzenden GAZ 13, dann den GAZ ZIM 12 oder GAZ 13 oder später den ZIL 114. Der ZIL beispielsweise hatte acht Zylinder, sieben Liter Hubraum, über 300 PS, einen Wendekreis von 16 Metern und wog immerhin drei Tonnen. In den schwarzen Tschaikas konnte man sich wirklich sehen lassen, selbst wenn die Scheibengardinen hinten meist zugezogen waren. Auch wenn so verborgen blieb, wie fleißig der Genosse Ulbricht war. Stets hat er auf der Rückbank des Tschaikas Akten gelesen oder etwas geschrieben. Und ein Schlitzohr war er – das hatte er wahrscheinlich bei der Komintern in Moskau gelernt – und führte ein ausgeklügeltes System abgestufter Privilegien ein, um seine Funktionäre bei der Stange zu halten. Beispielsweise mit den Dienstfahrzeugen.

Die Tschaikas und ZIL waren der obersten Führungsriege vorbehalten. Aber die Abteilungsleiter im ZK, die Sekretäre in den Bezirks- und Kreisleitungen der Partei oder in den Ministerien mussten auch nicht laufen. Die durften sich in den fünfziger Jahren beispielsweise in einen stattlichen Sachsenring P 240 aus heimischer Produktion setzen oder in einen Warszawa oder Pobjeda. Pobjeda heißt auf Russisch »Sieg«, und schon deshalb wurde das Auto aus dem sowjetischen Gorki von den Genossen gern genommen.

Als man sich im Kreml für die Bruderländer des RGW eine kameradschaftliche Arbeitsteilung und Spezialisierung im Automobilbau ausdachte, sollte die DDR künftig nur noch kleinere und mittlere Pkw und Lkw produzieren, während die Sowjetunion die repräsentativeren Autos herstellen würde – wie es sich eben für die Führungskraft der Weltrevolution geziemt.

Als Pobjeda-Nachfolger brachte deshalb das GAZ-Werk in Gorki, dem früheren Nishni Nowgorod, den Wolga M 21 heraus. Auf der Rück- als auch auf der durchgehenden vorderen Sitzbank hatte man viel Platz. Mit vier Zylindern, 2 500 Kubik und 70 PS brachte er munter seine 130 Sachen. Das Auto verfügte über eine einfache und robuste Technik, war unter sowjetischen Straßenverhältnissen getestet und somit auch ideal für die DDR. Nicht zuletzt war der Import relativ preiswert. Er kostete 22 700 Mark, sein Nachfolger seit den siebziger Jahren, der Wolga M24, 28 000 Mark.

Verständlich, das sich der Wolga unter den mittleren Funktionären und in den vielen Betrieben und Behörden

Protokollstrecke auf der Schönhauser Allee 1977: Wagenkolonne einer Partei- und Regierungsdelegation, von der Volkspolizei eskortiert.

1959

- 30. Juni: 1. Neubrandenburger Speedwayrennen
- Die Dresdener König und Schrader kehren von einer Testfahrt vom Nordkap zum Äquator mit zwei serienmäßigen Simson-Mopeds SR 2 zurück
- Heinz Melkus beginnt mit dem Umbau von Wartburg-Modellen für den Straßenrennsport
- Simson-Suhl baut das »Damenmoped« KR 50
- Ludwigsfelde produziert den Stadtroller SR 59 »Berlin«
- Der Import der ungarischen Ikarus-Busse im Rahmen der RGW-Kooperation führt zur Einstellung der Produktion von Omnibussen in Werdau. Vorhandene Baugruppen nutzt die Geraer Firma Fleischer für die Herstellung der Omnibusse vom Typ S 2 und S 5

Ulbricht bekommt zu seinem Geburtstag von Chruschtschow einen Tschaika geschenkt. Bei der Übergabe sagt Nikita: »Das ist ein besonderes Auto – bies motora, ohne Motor.« Verwundert fragt Walter: »Wieso ohne Motor? Das geht doch nicht!« Chruschtschow antwortet: »Wozu brauchst du einen Motor, wenn es in der DDR doch nur abwärts geht?« Daraufhin Walter: »Und wenn es dann doch wieder aufwärts geht?« Nikita: »Dann sitzt du nicht mehr am Steuer.«

Wann werden die USA sozialistisch?
Wenn der Präsident nicht mehr Ford, sondern Trabant heißt.

Erich Honecker bekommt einen Brief von seiner alten Mutter aus dem Saarland, die sich nach seinem Wohlergehen und seiner Arbeit erkundigt. Erich schreibt stolz, er sei Staatsratsvorsitzender, das wäre so was Ähnliches wie in ihrer Jugendzeit der Kaiser. Es gehe ihm sehr gut, er habe eine schöne Villa in Wandlitz und einen großen Volvo mit Chauffeur. Antwortet die Mutter: »Mein lieber Erich! Ich habe Angst um Dich! Pass bloß auf die Kommunisten auf, dass die Dir nicht wieder alles wegnehmen!«

großer Beliebtheit erfreute. Für viele war er der »Mercedes des Ostens«. Diese Bewunderung flaute allerdings recht schnell ab, weil die Wolgas bald massenhaft über die Straßen der Republik holperten. Sogar auserwählte Privatpersonen durften sich dieses Auto zulegen, vor allem aber war er als Polizeifahrzeug und Taxi unterwegs. Schließlich wurde die Fahrfreude spätestens an der Tankstelle, beim Griff zur Brieftasche, etwas gedämpft.

Höher im Kurs stand in jener Zeit eigentlich nur der Tatra. Nicht nur, weil er kein »Russenauto« war, sondern im tschechischen Koprivnice, dem früheren Nesseldorf, hergestellt wurde, wo man seit 1897 Autos baute. 3 000 Stück vom Tatra 603 wurden eingekauft. Ein Tropfen auf den heißen Stein. Die Partei- und Wirtschaftsfunktionäre balgten sich fast darum, einen solch luxuriösen Dienstwagen zugeteilt zu bekommen. Oberklasse, windschnittige Karosserie mit Heckflosse, vorn zuerst drei, später vier Scheinwerfer, luftgekühlter Achtzylinder-Motor mit 105 PS und 160 Stundenkilometern Höchstgeschwindigkeit. Das war schon was – und hatte seinen Preis von über 33 000 Mark.

Also, einen Tatra konnte und sollte sich nicht jeder leisten.

So richtig begann es erst mit Honeckers Antritt, dem VIII. Parteitag und dessen Politik zum Wohl des Volkes. Überall ging es im Lande aufwärts. Nur dummerweise kam dann diese weltweite Energiekrise, als auch noch die Sowjets ihren kleinen Brüdern den

Die Staatskarossen

Ölhahn ein bisschen zudrehten. Nein, so konnte das Spiel nicht gehen. Erst Autos liefern, die das Benzin literweise schluckten, und dann das Benzin schuldig bleiben! Verbrauchte doch so eine Staatskarosse vom Typ ZIL rund 40 Liter Benzin auf 100 Kilometern. Prost! Da Honecker auf der KSZE-Konferenz auch den schwedischen Ministerpräsidenten Olof Palme kennengelernt und mit ihm ein paar Nordhäuser Doppelkorn getrunken hatte, lag es auf der Hand, dass die wirtschaftliche Zusammenarbeit mit den Schweden verbessert wurde und die DDR den Volvo-Autokonzern unterstützte.

Vorsichtshalber bestellte man in Göteborg streng vertraulich erst ein paar Volvo 164, die dann von Erich Mielkes Tschekisten der Staatssicherheit getestet wurden. Die Abteilung Rückwärtige Dienste übernahm die Wartung – und war zufrieden. Deshalb kam man 1976 mit den Schweden dicke ins Geschäft und bestellte für die Partei- und Staatsführung über 100 Volvos 264 TE (Top Executive) zum Vorzugspreis von 120 000 DM pro Stück. Aber alles musste konspirativ vor sich gehen. Auch die verschlungenen Wege, über die die Autos in die Hauptstadt gelangten, mussten im Dunkeln bleiben. So die Tatsache, dass Göteborg die Volvos, d. h. die Rohkarossen, erst einmal nach Turin schickte, in die Werkstatt des Star-Designers und Edel-

Volvo-Limousinen mit dem Baujahr 1984 aus dem Fuhrpark des DDR-Politbüros.

1960

✗ Im VEB Schlepperwerk Nordhausen wird der Traktor »Famulus 36« produziert

✗ Sachsenring Zwickau arbeitet am Prototyp »P 100«, ein Ganzstahlauto mit Dreizylinder-Zweitaktmotor

✗ Die zentrale Verkehrskonferenz fordert, das Raststättennetz der Autobahnen zur gastronomischen Betreuung der Mitropa zu übertragen

✗ In Ludwigsfelde verlässt der 100 000. Motorroller das Montageband

✗ In Zschopau/Hohndorf wird die MZ-Sportabteilung eingerichtet

✗ In Zwickau wird der Trabant in Kombi-Version präsentiert

✗ Erstes Motorradrennen auf dem Frohburger Dreieck

multicar

✗ Waltershausen produziert den Multicar 21 (Weiterentwicklung der Diesel-Ameise Typ DK 4)

Tuners Bertone. Dort wurden die angelieferten Karossen verlängert, verzinnt, modifiziert und teilmontiert und kamen anschließend zum weiteren Umbau, zur Lackierung und Endmontage mit Extraausstattung in Spezialwerkstätten der DDR.

Da machte man freilich bei Daimler-Benz und Audi lange Gesichter, und die übrige Welt staunte nicht schlecht, als die DDR-Repräsentanten auf einmal in diesen eleganten schwarzen oder dunkelblauen Luxuslimousinen herumkutschierten. Man fühlte sich wie in Abrahams Schoß. Zur Innenausstattung gehörten zwei zusätzliche Klappsitze, hellgraue Edelvelourpolsterung, Stereoradio, elektrischer Fensterheber und Antenne, Zeituhr, Auslegeteppiche aus Stoff, Klimaanlage, Stereo-Lautspecher, integrierte Nackenstützen, die Windschutzscheibe war aus High-impact-Verbundglas, es gab Automatic Sicherheitsgurte für die Vordersitze sowie für die beiden äußeren Plätze auf dem Rücksitz. Beeindruckend auch die hohen Sicherheitsstandards, etwa die fünffach gesicherte Sicherheitslenksäule oder die Zweikreis-Bremsanlage mit Bremsrohren aus einer rostbeständigen Kupfer-Nickel-Legierung. Dank seiner Vier-Gang-Automatik und den

140 PS war es ein Kinderspiel, mit dem Volvo die Protokoll-Reisegeschwindigkkeit von 180 Stundenkilometern zu fahren.

Selbstverständlich war das Fahrzeug des Generalsekretärs und Staatsratsvorsitzenden nochmals um 20 Zentimeter länger als die anderen Wagen, aber Mini-Bar, Fernseher oder edle Lederpolster suchte man im Auto vergeblich. Dafür besaß es an den vorderen Kotflügeln eine Halterung für die schwarz-rot-goldene Standarte mit Hammer, Zirkel und Ährenkranz. Jedenfalls fühlten sich die internationalen Staatsgäste, die mit Erich Honecker in dem Siebensitzer fuhren, ziemlich wohl. Sogar Kim Il Sung und Indira Gandhi hatten nichts auszusetzen.

Da auch Ministerien und die Sicherheitsorgane bedacht werden wollten, kamen in den nächsten Jahren noch ein paar neuere Volvos 760 GL und 740 GLE hinzu, außerdem einige 245er, »Transfer« genannt, langgezogene Kombis, die vor allem zur Absicherung der offiziellen Regierungskolonnen benutzt wurden. Wurden aus dem Fuhrpark ältere Dienstfahrzeuge ausgemustert, gingen sie meist zum Weiterkauf an den VEB Maschinen- und Materialreserven und konnten dort auch von Privatpersonen erstanden werden. Freilich hatte die Parteikontrollkommission ein Auge darauf geworfen, wer diese Leute waren. Außerdem gab es für potenzielle Käufer genug Fingerzeige aus dem zentralen Partei- und Staatsapparat. Eine Allianz fürs Leben, frei nach dem Kraftfahrer-Motto: »Wer gut schmiert, der gut fährt«.

Die sprichwörtliche Großherzigkeit des Generalsekretärs wurde auch im Volk registriert. Es kam mehrfach vor, dass die Bürger den Volvos mit der Faust hinterherwinkten, woraufhin Honecker spontan beschloss, gemäß der Hauptaufgabe auch das restliche Volk mit den richtigen Westautos zu beglücken.

Außenministerkonferenz in Genf, 1959. DDR-Außenminister Lothar Bolz reist in einer »Sachsenring«-Limousine an.

Im Tschaika weiht der Verkehrsminister die Schnellstraße Adlergestell – Schönefeld 1962 ein.

Ulbricht ist mit Lotte im Auto unterwegs. Es überholt sie ein Wagen mit dem Kennzeichen »GB«. – »Tüchtig, tüchtig«, sagt Ulbricht, »unsere Griminalpolizei ist wieder unterwegs.« – »Nein«, sagt der Fahrer, »das sind die Genossen aus Bulgarien.« – »Bei bulgarischen Genossen steht immer BG dran, hier steht aber GB.« – »Vielleicht ›Gambodscha‹«, meint der Fahrer. Da meldet sich Frau Lotte: »Alles falsch, das heißt: Gönigreich Bolen.«

Eine amerikanische Delegation besucht das Ernst-Thälmann-Werk in Magdeburg. Vor der Fabrik steht ein großes Auto. Die Amerikaner fragen: »Wem gehört die Fabrik?« – »Nun, den Arbeitern!« – »Und wem gehört das Auto?« – »Nun, dem Direktor.« – »Seltsam, bei uns ist es genau umgekehrt!«

Anfrage an den Sender Jerewan: Gibt es eine marxistisch-leninistische Definition für das Auto? Antwort: Im Prinzip ja. Das Auto ist ein Fahrzeug auf vier Rädern, in dem das werktätige Volk in Gestalt seiner frei gewählten Vertreter fährt.

Ich hab ein Auto, also bin ich

Nr. 00009*

Das Wertvollste, was der DDR-Bürger besitzt …

O.U., den 28. 11. 1989

Autor: Hans Hellbach

Was auf dem Foto als Wartburg-Werbung gedacht ist, war ein vertrauter Anblick vor allem an Wochenenden: Autowäsche mit Wassereimer, Bürste und Lappen auf der Straße. Die erste Autowaschanlage der DDR wurde 1968 ausschließlich für den Fuhrpark der Regierung in Betrieb genommen. Ab 1972 für die Öffentlichkeit zugänglich, war der Ansturm kaum zu bewältigen. Kosten für eine Oberwagenwäsche: Trabant – 4,65 Mark, Wolga – 8,20 Mark.

1961

✗ Zur Frühjahrsmesse wird der Robur LO 2500 als Nachfolger des Garant präsentiert

✗ 14. Juni: Das erste Nullserienfahrzeug L1 mit der Typenbezeichnung »Barkas B-1000«, eine komplette Neuentwicklung; der Kleintransporter löst den Framo »V 901/2« ab

✗ 23. August: Anordnung des Innenministeriums, dass Westberliner für Besuche in Ost-Berlin Passierscheine benötigen und im Straßenverkehr nur die Übergänge Chausseestraße, Invalidenstraße, Sonnenallee und Oberbaumbrücke benutzen dürfen; Westdeutschen stehen im Straßenverkehr zwischen den beiden Teilen Berlins lediglich die Übergänge Bornholmer Straße und Heinrich-Heine-Straße zur Verfügung

✗ 1. Oktober: Eröffnung des Zweitakt-Motorrad-Museums auf der Augustusburg

✗ 13. Oktober: Das Ampelmännchen wird ins offizielle Leben gerufen

✗ Der »Große Preis der DDR« zählt zur Motorradweltmeisterschaft

3,9 Millionen Pkw rollen auf den Straßen unserer Deutschen Demokratischen Republik. Einen davon fahre ich. Ich bin überzeugt, dass die Haltung eines Pkw mit bestimmten Pflichten einhergeht.

Schon in zartem Alter sorgt ein fahrbarer Untersatz für eine enorme Verbesserung der Lebensqualität. Man wird gefahren, bevor man laufen kann. Die Phase, in der ich – dem Willen meiner Eltern untergeordnet – den Gebrauch der eigenen Füße üben musste, hielt ich kurz. Denn fast gleichzeitig mit dem Laufen erlernt der Mensch das Sprechen. Und ich nutzte diese, meine neu erworbene Fähigkeit, um mit den Worten »da, da, haben, haben« nach einem dreirädrigen Gefährt zu verlangen, das meine Eltern mir auch prompt unter den Weihnachtsbaum stellten. Auf diesem verbrachte ich die nächsten Jahre meiner Kindheit, stieg dann auf einen luftbereiften Roller um, den ich wiederum unterm Weihnachtsbaum vorfand, wechselte problemlos zu einem Kinderfahrrad und im Alter von zehn Jahren zu einem ausgewachsenen Herrenfahrrad der Marke Diamant. Aber Täve Schur war nicht mein Vorbild.

Mit meinem Diamant-Rad umkreiste ich den Dorfplatz, auf dem sich die Jugendlichen mit ihren Mopeds trafen, und sehnte den Tag herbei, an dem ich dazugehören durfte. Endlich war es soweit. Eine wunderbare Zeit mit meinem Simson Spatz SR 4-1 begann. Ich hatte einen Qualitätssprung gemacht, musste den fahrbaren Untersatz nicht mehr mit eigener Kraft bewegen, konnte Strecken zurücklegen, die ich bisher gescheut hatte, fühlte mich wie ein König der Straße. An den Wochenenden fuhren wir zum Tanz auf die Dörfer, und obwohl Mädchen in dieser Zeit zu einem echten Hobby wurden, konnte keines von ihnen meinem Zweirad Konkurrenz machen. Die Zeit der Trennung kam dennoch, eine schnittige MZ ES Trophy löste den Spatz ab

Nur fünf Pkw auf 1000 Einwohner wurden jährlich gebaut. Hier ein Traba[nt] P 60 Universal aus dem Jahr 1963.

und trug mich in beschwingtem Flug weiter, immer weiter …

Doch dann traf mich ein harter Schlag. Ich hatte gerade meine Maurerlehre beendet und absolvierte meinen Ehrendienst bei der Nationalen Volksarmee, da vermeldete meine Freundin, sie sei schwanger. Nein, nein, das war nicht schlimm. Ich liebte sie, wir heirateten, und wir bekamen noch vor der Geburt der kleinen Mandy eine Wohnung in der Stadt. Schrecklich aber war, dass sie verlangte, ich solle meine MZ verkaufen und mir, wie es sich für einen Familienvater gehöre, stattdessen ein Auto zulegen. Letzteres hätte ich ja gern getan, allerdings auch das Motorrad behalten, doch Mangel an Bargeld und meine lausigen anderthalb Jahre Wartezeit nach der Autoanmeldung – ich war am Morgen meines 18. Geburtstages beim IFA-Vertrieb gewesen,

Das Wertvollste, was der DDR-Bürger besitzt …

noch bevor die Familie »Zum Geburtstag viel Glück« anstimmen konnte – standen dem entgegen.

All das hatte zur Folge, dass ich ganz schön wirbeln musste. Es gelang mir, meine MZ und eine Ladung Ziegelsteine, die vom LKW gefallen war, gegen einen neun Jahre alten Trabi zu tauschen. Er gehörte einem Mann aus dem Nachbardorf, der sich – welch ein Zeichen – hatte scheiden lassen. Der Trabant war gut gepflegt, aber es kostete mich etliche Wochenendeinsätze auf der Baustelle von Kfz-Meister Müllers Datsche, bevor ich das Auto in einem Zustand hatte, der mir angemessen schien.

Es fuhr, und als Mandy ein halbes Jahr alt wurde, konnten wir unsere erste Spritztour machen. Ich möchte gleich sagen, dass ich ein liebevoller Familienvater bin, aber dass Mandy im Auto spuckte, behagte mir gar nicht. Schließlich hatte ich die Sitze mit einem speziellen Reiniger behandelt, für den meine Frau ihrer Freundin, die bei Rewatex tätig war, drei Körbe frische Erdbeeren aus dem Garten meiner Eltern gegeben hatte. Die Flecken der letzten neun Jahre waren nicht zu erkennen. Nun gab es neue. Da wurde meine Vaterliebe schon arg strapaziert.

Es war schön, ein Auto zu haben. Es war praktisch, es war beruhigend, und es war eine große Verantwortung.

Sonnabends wusch ich den Wagen – jeden Sonnabend –, und wenn es regnete, dann am nächsten sonnigen Tag, auch wenn ich dafür mal etwas früher aus dem Betrieb gehen musste. In Vorfreude auf die Erfüllung meiner Pflicht eilte ich mit zwei Eimern voll warmen Wassers und den Putzutensilien unterm Arm die Treppen hinunter. Ich arbeitete mich von außen nach innen vor, seifte den Wagen mit dem Schwamm ein, wischte ihn trocken und brachte mit einem weichen Tuch DiPoli-Autopolitur auf, die selbst einem alten Trabi einen Hauch von Glanz gab. Auch für die Pflegearbeiten unter der Motorhaube erwarb ich nach und nach beachtliches Können, denn

Ein Amerikaner fährt seinen Chevrolet zu Schrott, steigt aus und schaut sich seinen Wagen an: »Fuck, eine Woche für umsonst gearbeitet.« Ein Bundesbürger fährt seinen Benz zu Schrott, steigt aus und flucht: »Verdammt, einen Monat für umsonst gearbeitet.« Ein DDR-Bürger fährt seinen Trabi zu Schrott, steigt aus und jammert: »Mist, ein ganzes Leben für umsonst gearbeitet!« Kommen die anderen beiden vorbei und sagen: »Ja, warum hast du dir auch so ein teures Auto gekauft.«

ich war meist einer von vielen und stand in regem Erfahrungsaustausch mit den Nachbarn, die Freunde wurden. Selbstverständlich kümmerte ich mich rechtzeitig um Werkstatttermine, brachte mein Auto zur turnusmäßigen Durchsicht und Abgasüberprüfung.

Aber die Verantwortung eines Autobesitzers geht weiter. Ein Auto braucht ein individuelles Antlitz. Dazu bedarf es nicht unbedingt der Tüftlerfertigkeiten, über die manche meiner Nachbarn verfügten. Mutter umhäkelte mir passend zum Gletscherblau meines Gefährts eine Klopapierrolle, die ich rechts auf der Hutablage platzierte, links saß ein Nick-Hund, der das Bild harmonisch abrundete. Mutters Künste reichten weiter, so dass ich einen gehäkelten Lenkradschutz anbringen konnte. Schonbezüge, passend zur Jahreszeit als Variante aus Schaffell oder Holzperlengeflecht, vervollkommneten die Ausstattung. Eine Brockenhexe schaukelte lustig am Rückspiegel.

Ich möchte hier nicht missverstanden werden. Unser Trabant hatte keinen Namen oder so. Er war kein Haustier oder geliebtes Kind, und meine Familie ging sicher immer vor. Außerdem blieb ich aufmerksam. Dieser Trabant, so treu er uns auch diente, sollte doch nicht das Ende der Fahnenstange sein. Was hätte ich für einen gebrauchten Wartburg oder einen Lada gegeben und für einen Neuwagen sowieso!

Ich möchte jetzt etwas vorgreifen. Meine Frau und ich bekamen noch ein kleines Mädchen, die Jacqueline, doch die Ehe lief nicht mehr so harmonisch. Wir stritten häufig über Nichtigkeiten. Schließlich fand meine Frau einen Neuen und zog mit den Kindern zu ihm. Wir ließen uns scheiden und verstanden uns nach einiger Zeit wieder ganz gut.

Zum 1. Januar 1987 erfolgte Pkw-Auslieferung mit jeweiliger Wartezeit

Trabant 601 Universal
12 Jahre

Trabant 601 Limousine
10 Jahre

Wartburg 353 Tourist
13 Jahre

Wartburg 353 Limousien
12 Jahre

Lada VAZ 21013
13 Jahre

Lada VAZ 2107
15 Jahre

Skoda S 105 S
13 Jahre

Skoda S 120 LS
14 Jahre

Werbung für den Wartburg 1000 und den Trabant P 50.

Ich erhielt kurz nach der Scheidung Bescheid, dass ein Wagen der Marke Wartburg, auf den ich mich angemeldet hatte, für mich zur Abholung bereitstünde. Ich war beglückt, ekstatisch.

Mir war durchaus bewusst, dass sich in unserer Straße die Autotypen geändert hatten. Trabantfahrer blieben unter sich. Mir stand der Sinn nach Höherem. Es gab, nur zwei Ecken weiter auf einem im Krieg ausgebombten Eckgrundstück, zwölf Garagen. So eine Garage war mein Ziel, die wollte ich für meinen neuen Wartburg, auf dass er vor Wind und Wetter, vor neugierigen Blicken und möglichen Vandalen geschützt war.

Ich wandte mich an die KWV. Dort gab es ein Formular für die Beantragung der Nutzung einer Garage. Ich füllte es zwar aus, hatte aber keine Hoffnung, auf diesem Weg, pünktlich zur Auslieferung meines Wartburgs 353 W – ich wusste nicht, welche Farbe er haben würde –, einen Garagenstellplatz zu erhalten. Gab es keine andere Möglichkeit? Wie lief das mit der Erbfolge? Mit anderen Worten, wurden diese Stellplätze innerhalb von Familien oder von Nachbar zu Nachbar weitergereicht? In diesem Falle brauchte man eine Verbindung zu einem Garagenschlüsselbesitzer.

Das Glück war mir hold. Ich hatte mir angewöhnt, die Garage aus den Augenwinkeln zu beobachten, um zu sehen, ob ich Leute aus dem Haus oder aus den Nachbarhäusern erkannte. Als ich im Winter Schnee schippte, sprach mich eine reizende Frau an, ob ich ihr nicht behilflich sein könne. Der Schnee läge so hoch, sie bekäme ihr Garagentor nicht auf. Nun ja, eins führte zum anderen.

Elfriede Sparmann ist eine bemerkenswerte Frau, mit der ich meinen weiteren Lebensweg beschreiten möchte. Sie teilt meine Leidenschaft für Fahrzeuge, obwohl sie erst spät dazu gekommen ist. Ihr erster Mann wollte diese Freude mit seiner Frau wohl nicht so recht teilen. Und obwohl auch ich keine Fremden an den Lenker meiner Zweiräder oder hinters Steuer meines Trabants ließ, hätte ich mir schon gewünscht, dass meine Frau aktiver an der nicht unerheblichen, aber freudvollen Verantwortung für ein Fahrzeug teilgenommen hätte.

Elfriede hatte die Garage mehr oder weniger zufällig von ihrer Mutter geerbt, fuhr aber zu dieser Zeit einen alten Wartburg, den sie gern zum Schutz des neuen auf der Straße parkte.

Kurzum, mit Elfriede gemeinsam hatte ich bald alles, was sich ein Fahrzeughalter in der DDR nur wünschen konnte. Einen funkelnagelneuen Wartburg, einen Garagenplatz für diesen, eine Frau, die selbstbewusst, gut, ja unglaublich gut, Auto fährt und selbiges auch nicht durch nachlässiges Einparken in Gefahren bringt.

Von den 3,9 Millionen Pkw, die über die Straßen unserer Deutschen Demokratischen Republik rollen, gehören uns nun zwei. Gemeinsam sind wir stark, besonders gemeinsam mit unseren Kraftfahrzeugen.

Das Wertvollste, was der DDR-Bürger besitzt …

1962

- *Juli: In Ludwigsfelde wird der in Werdau entwickelte IFA W 45 als Prototyp des W50 vorgestellt; gemäß der Forderung des Bauernkongresses nach einem Allrad getriebenen Transportfahrzeug für Straße und Feld*
- *Oktober: Bei Sachsenring Zwickau löst der Trabant 600 den bisherigen Typ P50 ab; Beginn die Mitarbeit zur Entwicklung des Kreiskolben- bzw. Wankelmotors*
- *Bei MZ Zschopau beginnt die Fertigung der ES 150; des ersten Motorrads mit asymmetrischem Abblendlicht*
- *21. Dezember: Beschluss des Ministerrates der DDR zum Aufbau einer LKW-Produktion am Standort Ludwigsfelde*

Stets dienstbereit zu Ihrem Wohl ist immer der Minol-Pirol

Nr. 00010*

Benzin im Blut

O.U., den 28. 11. 19 89

Autor: Birgit Meier

Eine Tankwartin bedient an einer Minol-Tankstelle, Aufnahme aus dem Jahr 1960. Das Tankstellennetz umfasst zu dieser Zeit 1 617 Stationen, davon 1 112 Vertragstankstellen – von privater Hand, Genossenschaften oder VEB geführt –, sowie 505 betriebseigene Tankstellen. Im Zuge erforderlicher Erneuerungen wurde in der Folgezeit das Netz ausgedünnt. Vor allem kleinere Stationen in den Innenstädten schlossen. Ende der achtziger Jahre betrug im statistischen Durchschnitt der Anfahrtsweg zur nächsten Tankstelle 18 Kilometer.

Wie verdoppelt man den Wert eines Trabis? Indem man ihn volltankt.

Liebe Rita, am Wochenende heiratet unser Jüngster, der Albert. Als ich meiner Schwiegertochter, der Simone, und dem Sven – unserem Enkel, das ist Dieters Sohn, der ist inzwischen zehn –, gestern Abend ein paar Fotoalben zeigte und erzählt habe, wie es war, als der Dieter und der Albert klein waren, wurden so viele Erinnerungen wach. Da habe ich an Dich denken müssen. Es ist schade, dass wir uns schon so lange nicht mehr gesehen haben …

Weil ich ganz wehmütig geworden bin und so viel erzählt habe, wurde der Sven neugierig und wollte immer wieder von der Tankstelle hören … Die Schwiegertochter, naja … Aber alles kann man natürlich auch seinem Enkel nicht erzählen, all die Arbeit, der

»Intertank«-Station bei Meißen. An speziellen Zapfsäulen gab es – preiswerter als im Westen – Kraftstoff (»Super Blau«) gegen Devisen für Transitreisende.

Spaß und der Ärger und die kleinen und großen Unglücke, die es so gab.

Weißt du noch, wie wir damals schief angekuckt wurden? Nicht nur von den Friseusen. Auch ich konnte nicht verstehen, warum Du Tankwart werden wolltest, warum überhaupt ein Mädel das wollte. Bei uns zu Hause in Pepelow gab es ja die Tankstelle vom Großvater noch, die zum Glück den Krieg unbeschadet überstanden hatte. Und dann, als die Russen uns das Geschäft zurückgegeben hatten, ging eine Weile alles

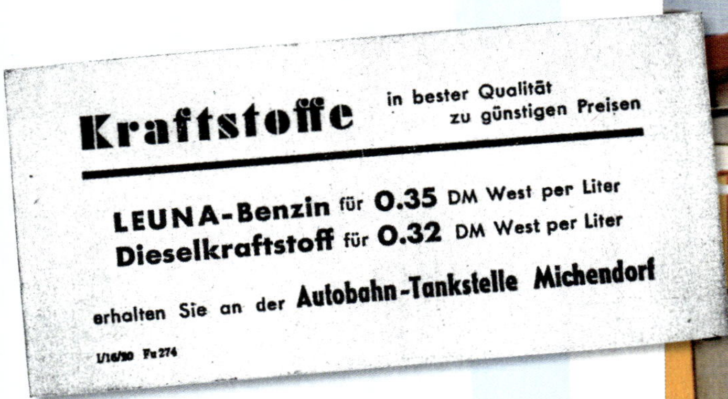

Kraftstoffe in bester Qualität zu günstigen Preisen

LEUNA-Benzin für **0.35** DM West per Liter
Dieselkraftstoff für **0.32** DM West per Liter

erhalten Sie an der **Autobahn-Tankstelle Michendorf**

Der Minol-Pirol gibt Tipps für die Autopflege und empfiehlt Globo-Lackbalsam, -Feinpolitur, -Autoshampoon und -Graphitlösung. Auch ein »Klarsicht-Antibeschlagtuch gehört in jedes Handschuhfach«.

Der Tankriese im Osten

Aus der Deutschen Kraftstoff- und Mineralölzentrale und der Deutsch-Russischen Naphta-AG (dann VEB Kraftstoff-Vertrieb) ging das am 1. Januar 1956 gegründete volkseigene Kombinat Minol hervor, zuständig für die Versorgung mit Kraft- und Schmierstoffen in der DDR. Die Mitarbeiteranzahl stieg bis 1989 auf rund 10 000, ein Drittel davon war an den Tankstellen beschäftigt. Das Minol-Tankstellennetz umfasste Ende der achtziger Jahre 1300 Stationen.

drunter und drüber. Als ich gerade siebzehn war, kamen die Leute von Minol. Und Vaters Tankstelle wurde eine MVT – eine »Minol Vertrags Tankstelle«.

Ich weiß noch, die erste Befüllung musste zwar nicht bezahlt werden, aber eine Barkaution war nötig. Da hat der Vater Mutters Schmuck verkauft an einen Juwelier in Rostock. Bis auf das goldene Armband hat der alles zurückkaufen können, dann ging der Juwelier in den Westen … Die erste Füllung hieß »der eiserne Bestand«, das habe ich nie vergessen.

Minol sollte also von nun an den Kraftstoff liefern, und die wollten, dass ich ausgebildeter Tankwart werde. Minol betonte immer, dass sie die einzige Mineralölgesellschaft Europas mit eigener Berufsschule waren. Was hat der Vater getobt. Drei Jahre Ausbildung, und dann mit den Leuten von der FDJ und auch noch Lehrlingstankstelle in Berlin …

Aber es hatte auch seine Vorteile für den Vater. Weil ich bei Minol lernte, wurde der Rechnungsrhythmus schnell eingeführt. Einige Vertragstankwarte wurden vor dem Mauerbau alle zwei, drei Tage abgerechnet. Das hätte der Vater mit seiner lockeren Buchhaltung gar nicht leisten können. Außerdem schaffte er es, dass unsere Tankstelle modernisiert wurde. Als ich 1960, ich war man gerade zwanzig, wieder nach Pepelow kam, gab es da zwei neue Säulen – anstatt der einen – mit zwei Zapfpunkten, einen für Vergaser- und einen für Dieselkraftstoff.

Da war ich nun in Berlin, na ja. Als ich mit dem Bus in der Betriebsschule

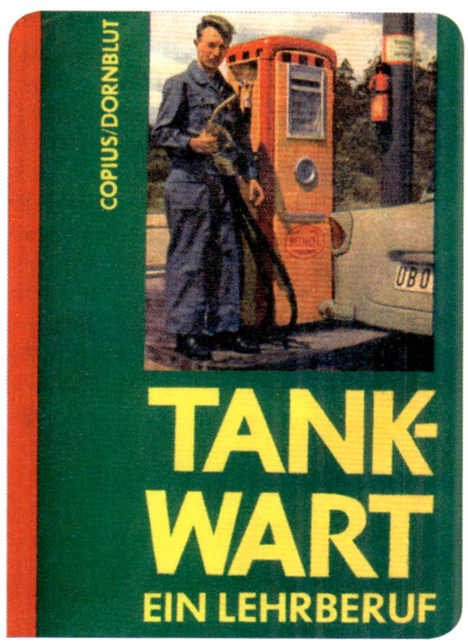

am Adlergestell ankam, habe ich Dich zum ersten Mal gesehen – FDJ-Hemd, Hände in den Hüften –, und Du hast Dich mit einem feschen jungen Mann gestritten (ich wurde beim Ankucken rot), es ging um Flüssigkeitsabscheider und wie man die am besten unterirdisch einbaut. Umweltschutz, Rita, das war ein Fremdwort für mich.

Als du dann ein paar Wochen später den Öl- und Reifenwechsel an diesem schweren Robur-Bus am schnellsten ausgeführt hattest, war Dir die Bewunderung der Ausbilder und der Jungs und Mädels in der Klasse sicher. Ich hab mich da schwer getan, habe lieber die Buchhaltung gemacht. Schön fand ich auch, als wir im Kassenhäuschen eingesetzt waren, als Selbstbedienung in Mode kam beziehungsweise getestet wurde.

Zu Hause musste man an der alten Zapfsäule anfangs noch pumpen, und auch später war der Vater strikt dagegen, dass der Kunde ausstieg und sich selber an den Zapfsäulen zu schaffen machte. Weißt Du noch, wir hatten uns damals ein Schild ausgedacht, das die Leute überzeugen sollte, die SB Tankstelle doch wenigstens mal auszuprobieren, und die Anleitung – ich kann sie bis heute auswendig: »An der Tankstelle ist der Motor abzustellen. Dann wird der Tankverschluss geöffnet, eventuell zu füllende Kanister werden auch gleich

1963

- *Januar: In Ludwigsfelde entsteht der Motorroller Troll-1; bis Dezember 1964 werden 56 513 gebaut.*
- *Bei Sachsenring Zwickau Beginn der Fertigung des Trabant 600, später Trabant 601*

bereitgestellt …« und so weiter und so fort.

Wir hatten keine richtigen Lehrbücher; ich habe mir dann, als 1961 das Lehrbuch »Tankwart ein Lehrberuf« erschien, was ja bis zum vergangenen Jahr gültig war, also ich habe mir das besorgt und da auch nach der Lehre noch reingesehen, Du auch? Das »Grundwissen des Tankwarts«, so heißt das neue Lehrbuch, brauch ich nun tatsächlich nicht mehr! Der Peter fand es sehr lustig, wenn ich immer auf Numero Sicher ging. Er selber las einfach alles, was an solchen Fachzeitschriften für Autoschrauber zu bekommen war, »Der deutsche Straßenverkehr«, »Illustrierter Motorsport«, »KFT«, den »Motorkalender der DDR«, selbst die »Armeerundschau«, wenn die über ihre Fahrzeuge schrieben.

Wir waren nicht so viele junge Leute damals in der Lehre, und mehr als vierzig Tankwarte pro Jahr wurden nie ausgebildet. Das war auch schön, wir haben uns alle gut verstanden und nach ein paar Anfangsschwierigkeiten – Du weißt schon, was ich sagen will, Peter Füller und ich waren nicht das einzige Pärchen …

Aber das war alles später … Erst mussten wir unsere Feuerprobe auf der Ausbildungstankstelle bestehen oder im Tanklager Seefeld beim Fässerschrubben. Was hatte ich Angst vor der Tour mit dem Tankwagenfahrer. Der war ein grimmiger Kerl. Und er wollte, dass wir Mädchen die Plomben lösten, die Schläuche zusammensteckten, rauskriegten, welche Behälter zu welchem Kraftstoff gehörten. Soweit ich weiß, hat nie ein Lehrling eine Produktmischung zu verantworten gehabt.

Und was war ich in Peter verliebt. Der hat ja dann mit Dir den jahrgangsbesten Abschluss gemacht, die Urkunde hängt bis heute im Schlafzimmer. Ja, Eure Konkurrenz war groß, und ihr wolltet auch beide auf die großen Autobahntankstellen zu »Intertank«. Ich wollte wieder nach Hause. Neben den Autos der Urlauber im Sommer haben

Minol-Fahrzeuge, hier ein IFA S 4000-Tankwagen, beliefern die Tankstellen.

Kommt ein Trabi mit Karacho an eine Tankstelle gedüst, der Tankwart lehnt gelangweilt an einer Zapfsäule und guckt. Der Fahrer springt aus dem Trabi, ruft zum Tankwart »Tanken Sie bitte voll!«, und rennt zur Toilette. Nach fünf Minuten kommt er zurück und fragt: »Na, wie viel ging denn rein?« Darauf der Tankwart: »845 Liter – mehr passte nicht, weil das Seitenfenster noch offen war.«

wir viele LPG-Fahrzeuge betankt, der Vater brauchte meine Hilfe, und als ich dann schwanger war, ist der Peter mitgekommen und hat die Tankstelle übernommen.

Er hat aber gleich gesagt, dass er Pläne hat, dass er eine Kfz-Werkstatt anschließen will und, halt dich fest, die Waschanlage. Erinnerst Du Dich? Er hat immer gesagt, das wird was. Er hatte diesen Ausschnitt aus der »BZ am Abend« von einer Tankstelle in Berlin-Adlershof. Er ist damals, als wir einen Exkursion zum 1. Mai in die Hauptstadt machten, auch mit mir hingefahren, aber da war natürlich zu.

Na, und so haben wir dann alle Neuerungen mitgemacht. Die Nachttankbox. Was war das für ein Ärger. Die Kunden mussten Schlüssel kaufen und konnten dann auch in der Nacht einen Kanister mit Benzin abholen – 5, 10 oder 20 Liter. Wir haben Kanister verloren, die meisten der Schlüssel landeten im Erzgebirge, und in dem Automaten, an dem man für eine Mark Öl kaufen konnte, waren viele Knöppe drin, Münzen eher selten. 1964 war das. Ich weiß es noch, weil die Susanne auf die Welt kam. Und weil ich dachte, wenn die Tankwagen jetzt auch nachts kommen, wach bin ich eh, dann kann ich gleich kontrollieren, dass die Fahrer die richtige Menge in die richtigen Doppelwandbehälter füllten. Manchmal haben wir noch einen geräucherten Fisch an den Fahrer abgegeben, und der hat dafür ein paar Liter mehr abgefüllt. Die konnte er später, wenn sich in der Sommerhitze der Kraftstoff ausdehnte, an der großen Minoltankstelle in Rostock wieder wettmachen ... Aber die Initiative zur Nachtbelieferung wurde erst 1967 gestartet; auch da waren wir offensichtlich vorneweg.

Als Peter von der Münzzapfsäule hörte, wollte er unbedingt auch eine solche haben. Er fuhr nach Schleiz, nach Thüringen, da sollte es so eine geben. Der Dieter war acht, da sind sie in die Ferien gefahren – um die Tankstelle zu testen. Naja, nicht nur, aber das muss man sich mal vorstellen ... Peter war damals nicht überzeugt von der Münztankstelle, er hat

Benzin im Blut

1964

- Siegeszug der »Vogelserie« beginnt mit dem »Spatz«
- 1. Februar: Kleinroller »Schwalbe« geht in Serie
- An der Kreuzung Greifswalder/Dimitroffstraße in Berlin wird die erste industriell gefertigte Lichtsignalanlage der DDR aufgestellt
- 5. Juni: Grundsteinlegung für die LKW-Montagehalle mit integriertem Presswerk in Ludwigsfelde
- In Schönebeck wird das erste Funktionsmuster des Traktors ZT 300 vorgestellt
- In Waltershausen läuft die Weiterentwicklung Multicar 22 erstmals vom Band
- Simson-Suhl stellt die Produktion der AWO zugunsten kleinerer Mopeds ein
- Änderung des Reglements der Formel III mit 1000 ccm Hubraum

an Minol geschrieben, an die Entwickler in den VAKA Werken Halle, die ja sozusagen die Universalzapfsäulenhersteller der DDR waren, und sein Gefühl war richtig. Die Säule hat sich nie durchgesetzt.

Das war im Winter, wenn bei uns wenig Betrieb war. Da kamen nur die Leute aus'm Ort, manchmal hatten wir gar kein Benzin. Im Sommer wurden wir wegen der Urlauber oft sogar zweimal am Tag beliefert. Ich sehe noch heute die Schlangen vor mir, wenn wir wegen des Lieferwagens mitten am Tag für eine Stunde die Tankstelle dichtmachen mussten! Unsere Lagerkapazität betrug ja nicht mal 20 Kubikmeter. Richtig schlimm wurde es, wenn die Lieferung ausblieb – Leerstand. Die Urlauber haben geschimpft, die Einheimischen haben geschimpft, der Umsatz war weg, und ich habe, wenn die Sommerhitze besonders schlimm war, süßen Tee an die Kinder verteilt. Manchmal hat Minol Container-Tankstellen aufgebaut, um die große Nachfrage zu bedienen. Als das Tanklager in Peez endlich in Betrieb ging, wurde es besser, aber das hat gedauert. Schon Ende der Sechziger waren Pläne gemacht worden, in Betrieb ging es erst Ende der siebziger Jahre.

Da war der Dieter schon selber Lehrling. Gewohnt hat er – wie seinerzeit seine Mutter – im Lehrlingswohnheim Mühlenbeck-Altbuchhorst, und der theoretische Unterricht fand jetzt an der Berufsschule »Hilde Coppi« in Berlin-Weißensee statt. Ich hätte es lieber gesehen, wenn er sein Abitur gemacht hätte oder wenigstens eine Berufsausbildung mit Abitur – da bist Du an die Ostsee gekommen, um Dich mit Peter und Albert gegen mich zu verbünden. Hast geschwärmt von der interessanten Arbeit auf den großen Tankstellen, hast die Autotypen aufgezählt, die alle an der Autobahnstankstelle in Michendorf vorbeikommen.

Völlig verloren hatte ich, als Du über den Renntankdienst gesprochen hast. Der war zwar zu diesen Zeiten schon nicht mehr hauptsächlich von Minol betreut – Schmierstoffwerk Lützkendorf hatte das wohl über-

Produktpalette für Kraftstoffe in den achtziger Jahren:

Vergaserkraftstoff »Normal« für Otto-Motoren, abgegeben als Gemisch mit Motorenöl MZ 22 für Zweitakter, Oktanzahl: 88; Vergaserkraftstoff »Extra« für Viertakt-Otto-Motoren, Oktanzahl: 92; »Super« (verbleit), Oktanzahl 94; Diesel. Die Kraftstoffpreise waren für DDR-Maßstäbe hoch, nicht subventioniert und (ab 1957) stabil. Es gab »VK Normal« für 1,50 M je Liter, »VK Extra« für 1,65 M, Diesel für 1,40 M. »Super« war nur bei »Intertank« erhältlich. Die verbilligte Abgabe auf Marken wurde bis auf wenige Ausnahmen (Landwirtschaft, See- und Küstenfischerei) 1975 abgeschafft.

nommen –, aber der Dieter war sich sicher, dass er dorthin wollte – und dass die Ausbildung bei Minol, Verzeihung, der Betriebsschule des VEB Minol, 1180 Berlin Adlergestell 545 (wie viele Briefe habe ich als besorgte Mutter eines übermütigen Lehrlings dorthin geschickt) ihn darauf vorbereiten würde.

Was hast Du geschwärmt von den Rennen auf dem Sachsenring, die Halle-Saale-Schleife und das Bautzener Autobahnring- und Schleizer Dreieckrennen. Du mittendrin mit der mobilen Tankanlage von Minol.

Er war dann in Grünau untergebracht. Und hat Berlin geliebt trotz frühen Aufstehens, weil die doch das Wohnheim am anderen Ende der Stadt hatten und durch den Wald mussten. Die Räder, die sie extra für die Lehrlinge angeschafft hatten, wurden geklaut, das hat Dieter mir mal erzählt.

Und kaum ist der Junge fertig, weißt Du noch, Klassenbester war er wie sein Vater, plötzlich packt ihn der Ehrgeiz und er hängt einen Kfz-Facharbeiter dran. Und bevor er richtig fertig ist, geht er nach Sibirien. Fang ja nicht an,

Minol errichtet erste standardisierte Tankstellen ab Anfang der sechziger Jahre.

Die Spezial-Tankwagenwerkstatt des VEB Minol in Berlin-Weißensee liefert 1956 »zu Ehren des Geburtstages von Präsident Wilhelm Pieck 13 zusätzlich hergestellte Tankwagen«.

Privat betriebene Minol-Tankstelle in der Lückstraße in Berlin-Lichtenberg.

Innerstädtisches Minol-Tanklager.

Ein Mann kommt zu einer Autobahntankstelle und sagt: »Ich hätte gern zwei Scheibenwischblätter für meinen Trabi.« »Darauf schaut sich der Tankwart den Trabant an und meint: »Okay, das ist ein fairer Tausch.«

Rita, ich habe Deinen Brief gefunden, mit dem Du mich überzeugt hast, ihn ziehen zu lassen, als wenn ich darauf noch hätte Einfluss nehmen können. Hier ist er:

Liebe Helga, ich hoffe Dir, dem Peter und Eurer Rasselbande geht es gut. Die Sommerurlauber müssten gerade weg sein, und schön stelle ich es mir vor, wenn ihr euch mittags zum Essen zusammenfindet. Gehst Du auch mit den Kindern an den Strand? Das tut Dir gut, Du musst Dich auch mal ein wenig erholen. Die halbe Republik reist an die Ostsee, um Urlaub zu machen, und Du gehst nicht mal die zehn Schritte bis zum Strand. Vielleicht komme ich um die Weihnachtszeit, wenn es hier in der Filiale in Dresden ruhiger wird. Wenn ich komme, will ich auch unbedingt den Dieter sehen. Er hat mir eine Postkarte geschrieben, aus Prag, wo er im Sommer zelten war, und da steht, dass er sich überlegt hat, sich für die Jugendbrigade zu melden, die nächstes Jahr nach Sibirien gehen soll, um die Erdgastrasse zu bauen.

Stimmt das? Weißt Du davon, oder habe ich jetzt ein Geheimnis verraten? Ich bin mächtig stolz auf ihn, sag ihm das nur. Ich bin auch mächtig stolz, dass Du Deinen Großen ziehen lässt.

Ich sage Dir, es ist ein Gaudi, es ist harte Arbeit, da wird ein richtiger Mann aus ihm. Als ich Mitte der siebziger Jahre dort war, in Tscherkassy, wo vierzig Minoler beim Sojus Projekt eingesetzt waren, mit einer Delegation, die den Kraftstoffverbrauch überprüfen sollte – eine Art Inventur war es, vom Hauptdirektor des Betriebs war das angeordnet –, da war ich beeindruckt.

Außer dem Sprit, den wir vor Ort erhielten (was immer mit großer Fahrerei verbunden war, einmal durch die DDR, um die Tanklager zu erreichen, scherzte der Fahrer), hatten die Minoler alles mitgebracht: Zapfsäulen, Behälter, Tankwagen – eine logistische Meisterleistung. Die Leute an der Trasse wohnten in Containern – Wohncontainer aus Rostock Bramow –, sie sahen wild aus, trugen alle Bärte. Ich weiß noch, einmal ist ein alter G5, wahrscheinlich ausgesondert von der NVA, im Schlamm steckengeblieben. Nicht so, wie man das von zu Hause kennt – der riesige LKW versank bis über beide Achsen.

Ich war bei einem Brigadeabend dabei, die Mädchen aus dem Dorf waren da, mein Russisch reichte vorn und hinten nicht, aber wir haben gesungen und getrunken und zum Schluss sogar getanzt! Ich komme ins Schwärmen und erzähle Dir Dinge, die eine Mutter vielleicht gerade nicht hören will. Lass ihn fahren,

Spots mit dem Minol-Pirol werden in »tausend tele tips« gesendet. Das Werbemaskottchen verabschiedet sich mit Verneigung und dem Spruch »Stets dienstbereit zu Ihrem Wohl ist immer der Minol-Pirol«.

Tipps des Minol-Pirol

»Freitags tanken, sonntags fahren – Wartezeit und Ärger sparen!«

»Von allen, die ihr Fahrzeug lieben, wird Autopflege groß geschrieben!«

»Den guten Tipp, der helfen soll, gibt Ihnen der Minol-Pirol!«

1965

- 1. Juli: Produktionsbeginn im VEB IFA-Automobilwerke Ludwigsfelde
- 17. Juli: das erste Fahrzeug der Serienproduktion des Lkw W 50, zunächst ausschließlich als Pritsche, läuft vom Band
- Nach dem Betriebsteil Mühlbach kommt das Lager Niederau zu MZ. Das Motorradwerk Zschopau erreicht die höchste Jahresproduktion an Motorrädern: 90 000 Stück
- Lizenzvertrag zwischen der VVB Automobilbau DDR mit NSU/Wankel
- Dem Wartburg 311 folgt der 312, vor allem in Limousinen-Version verkauft
- Frühjahr: Der Trabant mit Hycomat, einer automatischen Kupplung, kommt auf den Markt

Helga, neben dem Abenteuer verdient er richtig gut, ich glaube, bis zu 1800 Mark im Monat, und wenn er die Tankstelle übernimmt, dann ist er so erfahren im Umgang mit allen Unwägbarkeiten, dass er über solche Pannen, wie es Dir neulich passiert ist, mit diesem Tankwagenfahrer, der Dir seinen Laster in den Vorgarten setzt, was hätte da alles passieren können. Der Tankwagenfahrer war bestimmt betrunken, damit haben wir schon öfter Probleme gehabt, und es ist ein Wunder, dass die großen Havarien bis jetzt ausgeblieben sind.

Aber das wollte ich nicht sagen. Etwa hundert Leute will Minol schicken, stell Dir mal vor: Dieter in Kriwoi Rog, da, wo die Fahne herkommt, dann hat er die Fahne nicht nur im Museum gesehen, sondern auch den Ort, von dem sie stammt.

Liebe Helga, ich muss Schluss machen, sonst schreibe ich mich noch um Kopf und Kragen und Du verbietest dem Jungen diese besondere Erfahrung.

Also, liebe Rita, erinnerst Du Dich daran? Und dann war er weg, an der Trasse, über ein Jahr. Es war für ihn ein schönes Jahr, aber von Kraftstoffmangel, der nur so behoben werden konnte, dass die Arbeiter vom Tanklager die DDR-Tankwagen auch mal am Sonntag abfüllten, und eisigem Winter, da floss dann der Wodka auch während der Arbeitszeit, davon hattest Du nichts erzählt. Als er wiederkam, wollte er unbedingt alles ändern, die Logistik verbessern, so als wären wir auch eine Art Jugendprojekt. Ganz stolz hat er erzählt wie viel Ausrüstung Minol in die UdSSR gebracht hat: Tank-, Lager-, Öl-, Werkstattcontainer, über 100 große Behälter für Kraftstoffe und Öle, sowie 75 Tankfahrzeuge und manche Flasche Hydrauliköl, erst in die DDR gebracht und nun wieder zurück an den Ursprungsort.

Er wollte (was hat mich das an Peter erinnert) die Tankstelle »aufmöbeln«, wie er sagte. Wir hatten uns zu der Zeit gut eingerichtet.

Susanne war gerade da, ihr Mann war bei der Armee, da wollte sie mit dem Lütten nicht allein in Schwerin sein. Wir hatten uns angewöhnt, unsere Öffnungszeiten nach Bedarf zu gestalten. Es gab ab 73 richtige Bezeichnungen: Kategorie I waren die Tankstellen, die nahezu ununterbrochen geöffnet hatten, Kategorie II bedeutete, dass montags bis freitags von 6 bis 20 Uhr offen war, am Sonnabend von 7 bis 17 Uhr uns am Sonntag immerhin noch von 8 bis 16 Uhr. Im Sommer haben wir das wohl manchmal sogar überboten, im Winter nie. Im Herbst wenn die Ferien vorbei waren, im Spätherbst, wenn auch die Ernte eingebracht war, dann haben wir mittags zugemacht, am Wochenende sowieso. Eigentlich war es auch egal, bei uns aufm Dorf wussten die Leute, wo sie uns finden konnten. Wir wohnten ja hinter der Tankstelle.

Na, und da war dann klar, dass der Dieter nicht lange in Pepelow bleiben würde. Einen ordentlichen unterirdischen Leichtflüssigkeitsabscheider hat er noch einbauen lassen und dann ist er mit Frau und Kind nach Berlin gezogen, in die Zentrale, ins Minolhaus, bis 1968 war das am Alexanderplatz, da waren wir auch mal, schon als der Peter ausgezeichnet wurde, Dieter saß dann Unter den Linden, Am Zeughaus 1-2. Er kümmerte sich immer darum, dass bei den großen Wohnungsbauprojekten an Tankstellen gedacht wurde. Herrje, stell Dir vor, Rostock-Reutershagen oder Leipzig-Grünau oder Berlin-Marzahn ohne Tankstelle, wo hätten die Leute denn hingesollt.

Und dann hat er entwickelt und gemacht und Waschstraßen, und die erste Tankstelle mit Kartenzahlung an der großen modernen Tankstelle in Berlin-Weißensee.

Hier in Pepelow ist es nun ruhiger. Es sieht nicht aus, als wolle der Dieter zurückkommen, um die Tankstelle zu übernehmen und Susanne interessiert das auch nicht, sie ist immer noch in Schwerin, inzwischen hat sie drei Kinder, die kommen morgen auch zur Hochzeit von Albert.

Der Peter und ich machen noch eine Weile weiter, wenn keiner sie will, können wir die Tankstelle auch dicht machen. Minol wird sie sicher nicht neu verpachten, die wollen ihre Tankstellen lieber in Eigenregie führen, die MVTs sind schon lange ein Auslaufmodell. Liebe Rita, es ist ein langer Brief geworden und vieles hatte ich noch auf dem Herzen, denk nur an das schlimme Unglück in Magdeburg 1973, als das ganz Tanklager explodierte, wegen Fahrlässigkeit. Das hat uns sehr erschüttert, und Du hast gewettert gegen die Trinkerei, die unter den Arbeitern dort gang und gäbe war …

Ich will nicht mit was Traurigem enden, obwohl es ja auch traurig ist, dass Du morgen nicht kommen kannst. Wir hätten uns alle sehr gefreut. Aber ich weiß doch, dass die neue Verkaufsmesse fürs Minol-Verkaufssortiment vorgeht. Bei uns fragen die Leute vor allem nach Straßenkarten – kein Wunder, die Urlauber fahren los und scheinen erst dann zu merken, dass sie sich nicht auskennen. Sei umarmt von uns und Deiner Helga.

Minol, die »schönste Braut der Treuhand«, wurde gemeinsam mit der Leuna Raffinerie 1992 an den französischen Konzern Elf Aquitaine verkauft. Die Kaufsumme, nicht öffentlich gemacht, lag unter 500 Millionen; die vereinbarte Investitionssumme bei 5 Milliarden DM. Elf Aquitaine führte die Marke Minol zwei Jahre nach Übernahme des Unternehmens nicht mehr weiter.

Was unseren Verkehr behinderte

Nr. 00011*

Drei Tore braucht der Bauer

O.U., den 28. 11. 1989

Autor: Hans Hellbach

Alle Jahre wieder wird die »Ernteschlacht« geschlagen. Nicht nur auf den Feldern. Transportfahrzeuge und selbstfahrende Arbeitsmaschinen – auf dem Foto Sammelroder aus dem VEB Weimar-Werk – sind zu den Einsatzorten unterwegs, möglichst in »verkehrsarmen Zeiten« und nach vorheriger Information der Verkehrspolizei, die größere Konvois mit Führungs- und Schlussfahrzeugen begleitet.

Der LPG-Bauer spannt einen Zuchtstier vor den Pflug. Fragt sein Nachbar: »Warum nimmst du nicht den Traktor?« »Damit das verwöhnte Biest endlich begreift, dass das Leben nicht nur aus Sex besteht.«

Wenn die Erntezeit vorbei ist, kommen auch wieder ruhigere Zeiten für Hans Brummer, den Landmaschinenschlosser aus Mestlin. Natürlich gibt es eine Menge zu reparieren, aber die Zeit der Bereitschaft ist vorbei, und so kann er seinen Hobbys nachgehen.

Briefmarkensammler ist er und außerdem Mitglied bei der Freiwilligen Feuerwehr; was für den Kopf, sagt er, und was für die Geselligkeit. Nicht, dass es nicht eine ernste Sache ist mit der Feuerwehr. Mehr als fünfzig Männer des Dorfes, Jung und Alt, sind dabei; und die Frauen helfen auch, vor allem bei den jährlichen Brandschutzkontrollen. Aber nach der Arbeit, man könnte auch sagen: nach der Übung kommt das Vergnügen. Die Feuerwehrleute gehen mal in die Konsum-, mal in die HO-Gaststätte. Das gefällt Hans, und er denkt nicht daran, auf seine Ehefrau Dorothea zu hören, die im Mestliner Kulturhaus arbeitet und ihn mit Dorftheater, Blasorchester, Volkstanzgruppe, Gesellschaftstanzzirkel oder Film- und Fotozirkel locken will.

Zugtraktor ZT 305-A mit Vierschar-Beetpflug aus dem VEB Traktorenwerk Schönebeck (Elbe).

Immerhin haben die dort zwei Tanzkapellen, das ist sehr praktisch für den Feuerwehrball.

Hans verbindet beide Hobbys, seine Sammlerleidenschaft und sein Faible für Autos, besonders für die PS-starken, und vornan die Feuerwehrautos: Sein Sammelgebiet heißt »Verkehr & Transport«. Er hat ausgefallene Motive aus der ganzen Welt. Zum Beispiel einen Bentley aus Guinea Bissau, einen Porsche aus Grenada, einer Achterblock mit Oldtimern aus Tansania, aus Ungarn einen Rolls-Royce. Überall in der Welt erscheinen Automotive auf Briefmarken. Aber die größten und buntesten kommen vom großen Bruder. Hans sammelt aus allen Ländern und Zeiten. Manchmal, allerdings hinter dem Rücken von Dorothea, die wenig Verständnis für sein Hobby aufbringt, annonciert er auch, »außer 1933 bis 1945« muss in der Anzeige stehen, das ist Vorschrift laut »Anord-

1966

- ***Beginn der Produktion des »Sperber« in Suhl***
- ***1. Juli: In Eisenach beginnt die Serienproduktion des Wartburg 353***
- ***Bei den »Six Days« wird die DDR Mannschaft in ununterbrochener Folge zum vierten Mal Sieger; Werner Salevsky gewinnt den Alpenpokal zum dritten Mal***
- ***Ausstrahlung des mehrteiligen Fernsehfilms »Ohne Kampf kein Sieg«***

1967

- Auf der Leipziger Messe stellt MZ Zschopau die überarbeiteten Modelle ES 175/2 und ES 250/2 vor
- Juli: Kündigung der NSU-Entwicklungslizenz (Wankel-Motor) durch die DDR
- Im Traktorenwerk Schönebeck beginnt die Serienproduktion des ZT 300
- In Werdau läuft die Fertigung des Lkw S-4000-1 aus, damit endet hier die Lkw-Produktion; anschließend nur noch Produzent von Traktor- und Lkw-Anhängern und Zubehör
- Oktober: Trabant erweitert sein Karosserie-Angebot um ein Kübelwagen-Modell, der jedoch nur für Dienstgebrauch und Export (unter dem Namen Tramp) bestimmt ist

Reagan und Gorbatschow unterhalten sich. Reagan sagt: »Wenn ich über meine Farm fahre, setze ich mich in mein Auto und fahre drei volle Tage.« »Und wenn ich mein Datschengrundstück besichtige, setze ich mich in mein Auto und fahre eine Woche.« »Tja«, sagt Reagan, »solche Autos hatten wir früher auch.«

Auf der Agra in Markkleeberg 1968 wird der Mähdrescher E 512 aus Neustadt vorgestellt.

Belarus MTS-52 Super.

nung über das Verbot des Handels mit Sammlerbriefmarken … und philatelistischer Fachliteratur faschistischen, antidemokratischen oder antihumanistischen Charakters«. Gewundert hat ihn, als er erfuhr, dass der VEB Philatelie Wermsdorf Postwertzeichen aus der Zeit von 1933 bis 1945 ins Ausland verkauft. Aber die ollen Nazimarken will er gar nicht haben.

Angetan ist er von den Sonderpostwertzeichen der Deutschen Post der DDR. Mit seinem Sammlerausweis kann er bis zu zehn Stück je Wert kaufen. Am Vortag hat er einen Abstecher in die Bezirksstadt Schwerin gemacht und betrachtet jetzt seine neuesten Erwerbungen. »Moderne Technik in der Landwirtschaft« stellt die Serie

Drei Tore braucht der Bauer

vor. Da wird Hans ganz sentimental. Er streichelt die zarten Papiere mit den filigranen, wie gestochen wirkenden Abbildungen und denkt sich zurück auf den Bock der Maschinen, die er alle gefahren hat. Darunter der E 372, die Kartoffelvollerntemaschine aus dem VEB Weimar Werk, der E 526, einen Mähdrescher vom VEB Mähdrescherwerk Bischofswerda/Singwitz, die Saxonia-Drillmaschine aus dem VEB Landmaschinenbau Bernburg, ein Düngerstreuer vom VEB Landmaschinenbau »Rotes Banner« Döbeln, der Schleuderradroder »Sausewind« für Kartoffeln und Rüben aus Pößneck und Oschatz, der Kombinator-Traktor-Kultivator vom VEB Landmaschinenbau Torgau, sogar eine Reisighackmaschine vom VEB Forsttechnik Oberlichtenau/Karl-Marx-Stadt oder ein Anbau-Hopfen-Bodenbearbeitungsgerät aus dem VEB Landmaschinenbau Gützkow. Damals, als er noch »Erntekapitän« war, tuckerte er mit dem »Pionier« über die Felder und ritt die »Brockenhexe«, beide aus dem Schlepperwerk Nordhausen. Er zog auch mit dem »Famulus« die Ackerfurchen, ebenfalls in Nordhausen gefertigt, aber in Schönebeck entwickelt. Und neben den deutschen Traktoren hegte und pflegte er den »Zetor 50« aus dem tschechischen Brno wie auch den T 1000, den Raupenschlepper aus dem sowjetischen Tscheljabinsk, vom Volksmund auch »Tankograd« genannt, weil hier die legendären T-34-Panzer und Katjuscha-Raketenwerfer gebaut wurden.

Tja, die LPG in Mestlin hat fahrzeugtechnisch einiges zu bieten. In der ersten, 1949 gegründeten Maschinen Ausleih Station standen sechs Trakto-

ren für zwanzig Dörfer zur Verfügung. Als 1966 Filmheinis von der DEFA hier waren, um den Dokumentarfilm »Auf einer LPG in Mecklenburg« zu drehen, konnte die LPG schon 50 Traktoren, 6 Raupenschlepper und 6 Mähdrescher vorführen.

Neulich war Hans mit seinen Kollegen auf der agra in Markkleeberg, der »Universität im Grünen«. Sie haben sich die neuen Entwicklungen aus dem VEB Schwermaschinenbau »7. Oktober« Magdeburg, dem VEB Meliorationsmechanisierung Dannenwalde, dem VEB Schwermaschinenbau NOBAS Nordhausen, dem VEB Kombinat Forsttechnik Waren/Müritz und wie die Hersteller alle heißen angesehen. Dann hat er auch noch den DFU 451 aus dem VEB Forsttechnik Oberlichtenau entdeckt. Ein kleiner, flinker schmalspuriger allradgetriebener Spezialtraktor mit Knickgelenk, 2650 Kilo schwer, ein wendiges Forstfahrzeug. Er arbeitet mit dem Motor vom Multicar M25, hat ein 4-Gang Getriebe, und die Bremsanlage ist als hydraulische 2-Kreisbremsanlage ausgeführt. Die Hydraulikanlage versorgt die Lenkung, das Polterschild und die Seilwinde. Spezialseile dienen zum Anbinden des zu rückenden Holzes. Aber auf den Getreidefeldern von Mestlin ist mit so einem Traktor nun wirklich nichts anzufangen.

Hans sagt immer: »Drei Tore braucht der Bauer: Haustor, Hoftor, Traktor«, und liebt am meisten seine beiden Oldtimer. Mit denen ist er regelrecht verwachsen. Zum einen der »Maulwurf«, der Geräteträger RS 08/15 aus dem VEB Traktorenwerk Schönebeck, obwohl er nur eine Weiterentwicklung des richtigen »Maulwurfs« ist. Das Bodenbearbeitungsgerät hat acht Vorwärts- und acht Rückwärtsgänge, der Vorderachsbock auf dem Rechteckholm kann verschoben werden, und die Spur ist stufenlos verstellbar. Zum anderen den Zugtraktor ZT 300, von dem Hans immer schwärmt, wie »modern, stark, zuverlässig« er sei. Zwar klingt der Motor beim Abstellen so, als

Belarus MTS-5 M.

Zugtraktor 320-A.

würde man eine Fuhre Schrott abkippen, aber er hat immerhin die Kraft von 100 Pferden. Als die Schönebecker 1964 das erste Funktionsmuster testeten und drei Jahre später mit der Serienproduktion begannen, verkörperte der Traktor Welthöchststand, vor allem die Allradversion, die es seit 1971 gab. Der ökonomische Direktor der LPG Pflanzenproduktion musste ganz schön rechnen, wollte er Mitte der siebziger Jahre einen ZT 303 für 50 000 Mark anschaffen, genauso zehn Jahre später, als man für den Traktor 81 000 Mark berappen musste. Aber die Anschaffung hat sich gelohnt. Bereits der ZT 300 erbrachte durchschnittlich eine um 70 Prozent höhere Leistung als die damals üblichen Radschlepper mit ihren 40 bis 50 PS. Insbesondere erwiesen sich Motor und die anderen Baugruppen als sehr sparsam und äußerst robust, obwohl der ZT gigantische Laufstunden bringen musste. Damals kam in der BRD ein Schlepper auf gemütliche 300 bis 400 Betriebsstunden, während ein ZT das Vier- bis Fünffache vorweisen konnte.

Wenn die Einsätze auf den großen Feldern der Landwirtschaftlichen Produktionsgenossenschaften und der volkseigenen Güter koordiniert werden und die Mähdrescher und Erntemaschinen über die Landstraßen rollen, dann staut sich schon mal der Verkehr – und Staus, das kennt man sonst nur im Westen. Na, stimmt nicht, denkt Hans, wenn die Freunde der Roten Armee mit ihren großen Fahrzeugkonvois über die Straßen rollen, wird die Geduld der anderen Verkehrs-

Drei Tore braucht der Bauer

Ein Omnibus fährt über Land. Plötzlich steht quer über der Landstraße ein Ochse, der nicht weicht, so sehr der Fahrer auch hupt. Bis ein älterer Bauer aus dem Bus steigt, zum Ochsen geht und ihm etwas ins Ohr flüstert. Der Ochse nimmt reißaus. Als der Bauer wieder einsteigt, fragt ihn der Fahrer neugierig, was er gemacht habe. »Ach, ganz einfach«, sagt der Bauer. »Ich habe gesagt, wenn du jetzt nicht abhaust, musst du in die LPG.«

Radschlepper RS 02/22, Brockenhexe.

1968

- 10./11. Juni: Die Volkskammer beschließt die Einführung des Pass- und Visumzwangs im Reiseverkehr mit der BRD und Westberlin
- Das Versandkaufhaus Neckermann importiert die MZ in die Bundesrepublik. Die Modelle ES 125 und ES 150 werden modifiziert zur ES 125/1 und 150/1 und erhalten ebenfalls den Beinamen Trophy
- Peter Uhlig auf MZ 175 und Werner Salevsky auf der MZ 250 werden Europameister im Motorgeländesport

1969

- Beginn der Bildung der Kraftverkehrskombinate
- Bei Sachsenring Zwickau kommt der Prototyp »P 603« zur Serienreife
- 21. Juni: In Zschopau läuft das 1-millionste Motorrad vom Band, eine MZ ETS 250 Trophy Sport

teilnehmer auf eine harte Probe gestellt. 200 000 Militärfahrzeuge und rund 4000 Panzer mit dem »CA« am Heck soll es in der DDR geben. Ob die Zahlen stimmen?

Wenn die Soldaten der Roten Armee, genauer, der »Gruppe der Sowjetischen Streitkräfte in Deutschland« kommen, um bei der Getreide- und Hackfruchternte auf den Feldern der LPG zu helfen, sucht Hans in seinem ganz passablen Schulrussisch gerne das Gespräch mit ihnen. Natürlich nicht über Zahlen, schließlich will er sich nicht der Militärspionage verdächtig machen, aber in der Freude an den schweren Fahrzeugen treffen sie sich, und dann ist manches »Maschin rabotajet« und »otschen karascho« zu hören. Autonarren gibt es eben überall, meint Dorothea dazu.

Hans kennt sich seit seiner Armeezeit bestens bei den Fahrzeugen sowjetischer Herkunft aus. Natürlich war er Kraftfahrer bei der NVA, meistens hat er einen Tatra, den T138 gefahren. Aber sieht man vom tschechischen Tatra ab, kamen Armeefahrzeuge, ob nun Geländewagen oder Lkw und die schweren Fahrzeugtypen, aus der Sowjetunion. Weil er schon immer ein Tüftler und begnadeter Kfz-Schlosser war, sind sie alle mal irgendwie durch seine Hände gegangen, angefangen beim in Moskau produzierte ZiL – das heißt: Sawod imeni Lichatschowa – einem Universal-Lkw. Dann der GAZ aus Gorki, ein robuster, vielseitig nutzbarer Geländewagen, der ab 1956, als die Produktion nach Uljanowsk verlagert, UAZ hieß, was Uljanowski Awtomobilni Sawod bedeutet. Von dem ab 1972 in Serie produzierten UAZ 469, der guten Komfort, Leistung und Zuverlässigkeit auch bei extremen Witterungen bietet, weiß Hans, dass er in über 70 Länder exportiert und in allen Bruderarmeen eingesetzt wird. Rund 4000 Stück davon gibt es allein in der NVA. Eine der DDR-eigenen Entwicklungen schätzt Hans besonders, Kenner sprechen vom »Meilenstein« der Konstrukteure, dem ab 1961 produzierten P3. Seine Steig- und Watfähigkeit sowie die Fahr- und Geländeeigenschaften sind legendär. Über 3500 Stück wurden in Karl-Marx-Stadt, später in Ludwigsfelde produziert, bevor man sich für die Einführung des russischen GAZ 69 entschied. Von den »großen Russen« ist der Ural 375D wegen seiner hervorragenden Geländeeigenschaften und durch die Vielzahl der Verwendungs-

Drei Tore braucht der Bauer

GAZ 51 Kipper.

Ural-375 D Militär-Lkw der NVA.

IFA G 5/2 Dreiachs-Lkw mit Tankaufbau der NVA.

Während des Manövers bleibt ein Lkw der NVA im tiefen Schlamm stecken. Der Fahrer hat Glück, denn in diesem Augenblick hält neben ihm ein Jeep mit vier Offizieren. Gemeinsam gelingt es ihnen, unter letztem Kraftaufwand den Wagen aus dem Dreck zu befreien.
»Ein schönes Stück Arbeit«, bemerkt einer der Offiziere, »was haben Sie denn geladen?«
»31 Soldaten.«

Der Genosse Minister für Verteidigung hat einen neuen Chauffeur bekommen. Der Minister will wissen:
»Wie heißen Sie?«
»Hans!«
»Mein lieber Mann, ich gehöre nicht zu den Leuten, die ihren Chauffeur mit Vornamen anreden. Also, wie ist Ihr Nachname?«
»Liebling!«
»Fahr los, Hans!«

Zwei LPG-Bauern schauen zum Himmel. »Eh nu, ein Flugzeug!«, sagt der eine. »Bestimmt die Regierung!«, erwidert der andere. »Eh nu, eher unwahrscheinlich. Wenn's die Regierung wäre, würden weiße Männer auf Motorrädern drum herum sein.«

Lada 1300 S Nova, Ausrückedienstwagen.

möglichkeiten auch bei der NVA weit verbreitet: als Transport-Ladefahrzeug, Werkstattwagen, Tank- und Wasserwagen, Nachrichtenzentrale, als Geschosswerfer und Rammfähre. Und dann natürlich der gewaltige Kraz, im Einsatz als Pontonträger, Muldenkipper, Ladefahrzeug, Selbstlader mit Fla-Raketen, Tank- und Kranwagen, mit Trägerbrücken bestückt oder mit Bugsierbooten beladen. Manche dieser Fahrzeugtypen sind auch in Hans' Briefmarkensammlung zu finden. Leider gibt es noch keine Briefmarke vom NVA-Trabant 601 A, dem Kübel, »Stoffhund« genannt. Und noch ärgerlicher findet Hans, dass die zivile Variante, der »Tramp«, der seit 1978 gebaut wird, nur für den Export bestimmt ist. Den kleinen, wartungsfreundlichen,

wendigen Hund würde er gern über Mecklenburgs Feldwege steuern.

Hans blickt auf die Uhr. Er hat keine Zeit mehr, sich seiner Spezialsammlung »Feuerwehrfahrzeuge« zu widmen, er muss heute noch ins Gerätehaus. Als allseits geschätzter Landmaschinenschlosser liegt auch die Wartung und Reparatur der Einsatzfahrzeuge der Mestliner Feuerwehr in seiner Hand. Die Kameraden haben große Sorgen mit der Technik, und das, solange sie zurückdenken können. Erst 1959, zwölf Jahre nach der Gründung der Feuerwehr, hatten sie überhaupt ein Einsatzfahrzeug bekommen. Der schmucke Garant K30 war damals ihr ganzer Stolz. Der musste allerdings fast fünfundzwanzig Jahre seinen Dienst leisten. Als sie dann 1984 mit einem LO 2002 A aus den VEB Robur-Werken Zittau ein neues Fahrzeug bekamen, waren sie begeistert. Die Typbezeichnung LO 2002 A ist auf den

Robur Garant 30 K LF-Lkw-TS

Drei Tore braucht der Bauer

Ein Bauer hat drei Söhne von achtzehn, vierzehn und sechs Jahren. Eines Tages kommt der älteste Sohn zum Bauern und sagt: »Vater, ich bin jetzt schon achtzehn Jahre alt und möchte gerne ein Auto.« Der Bauer sagte: »Tut mir leid, aber wir müssen zuerst einen neuen Traktor kaufen.«
Am anderen Tag kommt der mittlere Sohn zu ihm und sagt: »Vater ich bin jetzt schon vierzehn Jahre alt und möchte gerne ein Mofa.« Doch auch bei ihm bleibt der Bauer hart: »Wir müssen zuerst einen neuen Traktor kaufen.«
Am dritten Tag kommt der jüngste und sagt: »Vater, ich bin jetzt schon sechs Jahre alt, ich möchte gerne ein Fahrrad haben.« Da wiederholt der Vater dasselbe: »Wir müssen zuerst einen neuen Traktor kaufen. Vorher gibt's nichts.«
Ein wenig später läuft der Kleinste am Hühnerstall vorbei und sieht, dass der Hahn auf dem Huhn sitzt. Der Junge läuft zum Hahn, gibt ihm einen Tritt und schreit: »Du kannst auch warten, bis wir einen neuen Traktor haben!«

Wartburg 1,3 Tourist, Ausrückedienstwagen.

Drei Tore braucht der Bauer

Motor (Luftgekühlter Ottomotor) und die Antriebsart (Allradantrieb) zurückzuführen. Das führte zum allgemein gebräuchlichen Namen »Ello«, egal, ob es sich um einen Benziner oder um eine Ausführung mit Dieselmotor handelte. 24 Liter Benzin soll der Ello auf hundert Kilometer verbrauchen, doch der Verbrauch pegelte sich eher bei 35 Litern ein. Aber so sehr auf den Pfennig guckt niemand, das eigentliche Problem ist, wie überall, die Ersatzteilbeschaffung. Hans hat zu tun und muss manchmal ganz schön improvisieren, um das Fahrzeug am Laufen zu halten. Denn höchste Maxime jedes Feuerwehrmannes ist natürlich, schnell zur Stelle und einsatzbereit zu sein, wenn der Ernstfall eintritt. Im Sommer drohen Feldbrände, aber öfter müssen sie ausrücken, um Kohlebrände zu löschen. Einmal, als es im Kulturhaus Mestlin zu einem solchen Brand kam, haben sie 80 Tonnen brennende Kohle aus dem Keller geholt und konnten weiteren Schaden vom Gebäude abwenden. Da war auch Dorothea versöhnt mit der Freizeitbeschäftigung ihres Mannes, zumindest mit dem einen seiner beiden Hobbys.

Oben: IFA W 50 L Löschfahrzeug LF 16-TS 8.

GAZ 51, Tanklöschfahrzeug der SDAG Wismut.

1971

- **September: Unterzeichnung des Transitabkommens zwischen BRD und DDR**
- **5. Oktober: Otto Arndt, Minister für Verkehrswesen, übergibt als erste Neubaustrecke die Autobahn Leipzig–Dresden**
- **Die Zahl zugelassener Pkw ist auf 1,3 Mio. gestiegen**
- **Fred Willamowski wird auf MZ Europameister in der Klasse über 350 ccm**
- **Erstmals tritt Sonja Schmidt mit ihrem Lied »Ein himmelblauer Trabant« auf**

Importautos zum Wohle des Volkes

Nr. 00012*

Warum wird es in der DDR nicht mehr richtig Winter?

O.U., den 28. 11. 1989

Autor: Birgit Meier

Mit den Importen aus den »Bruderländern« und dem »NSW«, dem nichtsozialistischen Wirtschaftsgebiet, erfüllen sich für die besserverdienenden DDR-Bürger Autoträume. Foto: Auf der Leipziger Frühjahrsmesse 1984 wird der Lada 1600 aus dem sowjetischen Togliatti ausgestellt.

Ich heiße Rolf und fahre Golf!«, begrüßte mich mein Schwager zur Silberhochzeit der Schwiegereltern und beschwor damit einen Eklat, der in die Familienchronik einging.

Doch ich muss von vorn beginnen.

1970 heiratete ich – gerade mal zwanzig Jahre alt – meine liebe Frau Sybille, ebenfalls zwanzig. Sie trug ein Kind unterm Herzen, wir wollten zusammenleben, eine Wohnung haben etc. Die Gründe, in der DDR zu heiraten, aus Liebe und darüber hinaus, sind hinlänglich bekannt. Eine Besonderheit gab es aber doch. Meine liebe Frau Sybille hat eine Zwillingsschwester, Susanne. Ich will nicht vorgreifen, ich glaube aber, die Schwestern waren Konkurrentinnen, schon bevor ich die eine und Rolf die andere heiratete.

Mein Schwager Rolf. Rolf Pfotenhauer. Susanne und er hatten sich bei unserer Hochzeit kennengelernt – er war mein alter Armeekumpel –, und sie heirateten kaum einen Monat später. Ihr Aufgebot war größer, ihre Torte runder, das Wetter besser, und – er erhielt von seinen Eltern einen Trabant. Pünktlich zur Hochzeit stand der vor der Tür. Kunststück, wenn der Vater ein hohes Tier im Verkehrsministerium ist.

Der Grundstein für ein gewisses Misstrauen war gelegt, und es begann ein Wettlauf zwischen der Qualität un-

Vor dem Leipziger Hauptbahnhof: VW Golf, Moskwitsch und MZ.

Warum wird es in der DDR nicht mehr richtig Winter?

Leipziger Herbstmesse 1989, am Messestand von VW und Audi.

serer fahrbaren Untersätze, der dem vom Hasen und Igel in nichts nachstand: Ich war der Hase und rannte mir die Pfoten wund (Schwalbe, Trabant, Wartburg), Rolf saß in einem fetten neuen Schlitten und war allhie (Trabant, Lada, Golf).

Im Jahr 1977, ich verfolgte diese Nachrichten im Westfernsehen, hieß es, dass 10 000 Golf geliefert würden, an die Berliner. Das war ich nicht. Aber ich war bereit, einiges zu tun: Ich versuchte, mich in der Wohnung eines Freundes in Berlin anzumelden, ich schrieb Eingaben, in denen ich meinen fehlgeschlagenen Versuch, über den VEB Maschinenhandel einen 140er oder 160er Volvo zu erwerben, als Zeichen meiner Verbundenheit mit dem Arbeiter-und-Bauern-Staat darlegte. Schließlich sind die Volvos die Staatskarossen. Übrigens soll Honeckers Volvo-Limousine zwanzig Zentimeter länger als die anderen, ebenfalls verlängerten Volvos des Regierungsfuhrparks sein, hat jedenfalls Rolfs Vater, der Möchtegern-Verkehrsminister, erzählt.

Den Volvo 44 DLS, den es ebenfalls

Wie fühlt sich ein VW-Motor im Wartburg?
Wie ein Herzschrittmacher in einer Mumie.

»Der Saporoshez hat auf der Messe gleich zwei Preise bekommen.« – »Oh, wie denn das?« – »Als formschönster Traktor und leisester Panzer.«

1972

- **26. Mai: Der Verkehrsvertrag zwischen der DDR und BRD wird unterzeichnet**
- **Verstaatlichung der Krankenfahrstuhlfabrik Louis Krause in Leipzig, wo der Grundstein für den Duo 4/1 gelegt wurde**
- **Auf der Leipziger Herbstmesse erhält MZ für die TS 250 eine Goldmedaille für Spitzenexponate**
- **Beginn der Konstruktion und des Baus des Melkus-Spider Sportwagens**

schon 1977 gab – ein spezielles Modell, das nur für die DDR produziert, und an Privatpersonen für 42 000 Mark verkauft wurde, konnte ich mir, zugegebenermaßen noch nicht ganz leisten.

Die Autos von VW sollten in verschiedenen Varianten zu haben sein, ungefähr 1000 Viertürer, 500 Diesel und zirka 1000 Zweitürer Golf LS. Der Rest waren zweitürige Golf L Benziner. Zunächst sollten die Autos zwischen 30 000 und 35 000 kosten. Tatsächlich waren es dann zwischen 22 000 und 26 000 Ost-Mark. Die von VW ausgewählte Farbpalette reichte von Manilagrün, Miamiblau, Panamabraun, Dakotabeige bis zu Malagarot. Volkswagen bekam keineswegs Westmark, sondern Pressen, Werkzeugmaschinen und sogar ein Planetarium zum vierzigsten Stadtjubiläum von Wolfsburg. Dass die DDR in Naturalien bezahlt und die VW-Kantine mit Thüringer Bratwürsten versorgt hat, halte ich für ein Gerücht. Und Witze machten die Runde. »Warum wird es in der DDR nicht mehr richtig Winter?« – »Weil der warme Golfstrom kommt!«

Am 13. Januar 1978 rollte der erste Zug mit 200 Autos über die deutsch-deutsche Grenze. Ich nahm Urlaub, quartierte mich bei einem Freund, der in Berlin bei der Reichsbahn arbeitete, ein, und war da, als eine Fuhre dieser Autos am Güterbahnhof Berlin-Adlershof ankam. Ich setzte mich in einen Golf, der noch fest auf dem Autozug stand, und startete den Motor – ich möchte meine Gefühle hier nicht beschreiben, das ist privat und nur für die Ohren meiner lieben Frau Sybille bestimmt.

Einige der Fahrzeugüberführer konnten partout nicht Auto fahren. Wenn ein Wagen in der Kurve lag oder die Fahrer einfach zu schnell vom Autozug runterfuhren, dann beschädigten sie die Wagen teilweise erheblich – das war doch Volkseigentum. Diese Autos wurden als sogenanntes »Sonderkontingent mit transportgeschädigten Autos« abgegeben. Auf meinen Antrag hin geschah – nichts.

Ich war, um gegen die bevorzugte Behandlung der Berliner zu protestieren, wie viele andere aus allen Bezirken der DDR beim »IFA-Vertrieb Berlin« in der Rummelsburger Straße gewesen, kam aber so spät – ja, Suhl ist ganz im Süden –, dass schon etwa 500 Leute warteten, um einen Kaufvertrag abzuschließen. Die Volkspolizei musste den Verkehr und das Parken regeln, und ich ging wieder leer aus.

Hoffnung schöpfte ich 1980, als 10 000 Mazda 323 ins Land kamen. Ich stand an, ich füllte Formulare aus, ich wurde Aktivist im Betrieb. Mein Sohn war in der Leichtathletik, auf einer Sportschule. Wenn er bei den olympischen Spielen 1988 eine Goldmedaille errang, würde er ein Auto sofort kaufen können – möglicherweise ein Westauto.

1984 wurde meine Bestellung für einen Lada zehn Jahre alt, erneut machte ich mir Hoffnungen. Ich träumte von einem französischen Auto: bei Tageslicht von einem Citroën GSA Pallas, davon landeten bis 1982 immerhin 5500 in der DDR, aber nachts träumte ich von einem der wenigen hundert Peugeots 305. Obwohl diese ausschließlich außerhalb der Hauptstadt vertrieben wurden, blieb mein Hoffen vergeblich. Ich hatte mich, gleich 1982, auf einen Neuwagen hin gemeldet, wollte einen für 42 000 Mark bestellen – die Wagen waren weg, bevor ich an der Reihe war.

Nun, zwei Jahre später, war ich bereit, noch die Anmeldung für das Motorrad meines vierzehnjährigen Sohnes für einen gebrauchten Citroen dranzugeben. Die Oma war verstorben, ich hätte auch Schwarzmarktpreise zahlen können. Mir wurde im Vertrauen mitgeteilt, dass ich wohl einen für 80 000 Mark erhalten könnte. Leider klappte das dann doch nicht, wahrscheinlich steckte Rolf dahinter.

Sowjetimporte: Moskwitsch (links) und Wolga auf dem Alexanderplatz.

Warum wird es in der DDR nicht mehr richtig Winter?

Dann kam der Tag der Silberhochzeit meiner Schwiegereltern. »Ich heiße Rolf und fahre Golf.« Und er wedelte mit dem Autoschlüssel, während die gesamte Familie auf ihn einstürmte und ihn feierte, als wäre er Juri Gagarin und gerade aus dem Kosmos zurück – Sybille sah ganz verkniffen aus, ihre Schwester Susanne strahlte hingegen triumphierend.

Schlimm war ja nicht nur, dass Rolf dieses Auto besaß, übrigens einen zweitürigen Benziner, der es seiner schwangeren Frau unmöglich machte, sich zu einer Spritztour mit den Schwiegereltern auf den Rücksitz zu quetschen.

Nein, bei jedem weiteren Familienfest sprach er mit leidvoller Miene über die Schwierigkeiten, in der DDR ein Westauto zu besitzen: Der Sprit – man könne schließlich nicht »VK Normal« tanken, sondern müsse immer zu Intertank an der Autobahn fahren, um »Super verbleit« zu kriegen –, Ersatzteilberechtigungsscheine seien überhaupt nicht zu bekommen, die neidischen Blicke wären unerträglich (»Nie kann man in Ruhe eine Spritztour machen!«). Dann wurden die anwesenden Tanten angebettelt, von der nächsten Reise nach drüben dieses oder jenes mitzubringen – die Krönung war eine Dreiklanghupe. Im Stadtbezirk Köpenick hatte der VEB Autotrans Berlin eine Golf-Werkstatt eingerichtet, da hinzufahren sei so weit und …

Ich kochte innerlich und wusste, was noch kommen würde: »Mensch, Günter, du und dein Wartburg … vielleicht könnte ich ja mal wieder ’ne kleine Spritztour machen, es ist schon so lange her …« Ja, so ist er der Rolf mit dem Golf. Mir hat er nie angeboten, mal seinen Golf zu fahren. Mitfahren darf ich, klar, dabei ist Rolf ein lausiger Fahrer.

Es musste was geschehen. Ich musste meine Ehre und meine Ehe retten.

1986 nehme ich auf der Autobahn einen Tramper mit. Heinz ist auf dem Weg nach Teupitz zum Intertreff. Er hat zwar keinen fahrbaren Untersatz, ist aber ein fanatischer Motorrad-Hobbyist. Mich packt die Neugier; ich fahre ihn hin, und mir eröffnet sich eine neue Welt.

Sybille und Susanne sehen sich gar nicht mehr ähnlich. Jetzt ist es Susanne, die verkniffen aus der Wäsche schaut, Rolf ist rot vor Neid, und das jedes Mal, wenn ich mit Sybille im Beiwagen auf meiner Harley-Davidson 30 V vorfahre. Es ist die einzige in der ganzen DDR – davon bin ich überzeugt.

Anfrage an den Sender Jerewan: Kann man einen Moskwitsch mit 120 Kilometern um die Kurve fahren? Antwort: Im Prinzip ja. Aber nur einmal.

Schlaglöcher und Katzenköpfe

Nr. 00013*

Warum gibt es auf unseren Straßen so viele Schlaglöcher?

O.U., den 28. 11. 1989

Autor: Hans Hellbach

Landstraße im Eichsfeld. Die Straßen waren klassifiziert in Autobahn, Fernverkehrsstraße, Landstraße I. und II. Ordnung sowie Stadt- und Schnellverkehrsstraßen.

»Ja, wo kommst du denn so plötzlich her?«

»Hast du schon gehört? Die Autobahn Berlin-Rostock wird nun doch nicht gebaut?«
»Wieso denn nicht?«
»Weil sie die Betonteile erst mal um Berlin herum zum Trocknen aufgehängt haben.«

In den Ferien zu arbeiten war ganz selbstverständlich. Karsten Sparmann war bereits einmal ins Lager für Arbeit und Erholung gefahren und hatte als Erntehelfer auf dem Traktor mitfahren dürfen. Für diesen Sommer hatte er sich eine Arbeit gewünscht, die nicht weit weg von zu Hause stattfand – es gab da jetzt eine Freundin, die ihre Ferien bei der Post verbringen würde –, eine Arbeit, die richtig Geld brachte, mindestens 150 Mark in der Woche, im Freien war und Muckis machte.

Auch im Straßenbau eingesetzt: IFA W 50 L Dreiseitenkipper.

Es gelang ihm, beim VEB Autobahnkombinat unterzukommen, einem Kombinat mit immerhin 6000 Mitarbeitern und Betriebsteilen in mehreren Bezirken des Landes. Verantwortlich für Autobahnausbau und Transitstrecken, waren die Einzelbetriebe auch für die Instandsetzung der Fernverkehrs-, der Land-, Stadt- und Schnellverkehrsstraßen zuständig. Wobei die Wahrscheinlichkeit, auf einer Landstraße zweiter Ordnung eine Brigade zum Schlaglöcherstopfen anzutreffen, eher gering war.

Karsten wurde einer Brigade zugeteilt, die Schlaglöcher auf der Fernverkehrsstraße 92 von Gera nach Süden, Richtung Greiz und dann Plauen ausbessern sollte – 54 Kilometer Straße, Karsten hatte sich das im Reiseatlas der DDR angesehen. Beginn morgens um fünf. Ernüchternd, fand karsten, doch es war ein heißer Sommer, und er erkannte bald, warum ein früher Beginn notwendig war. In der Mittagshitze war nichts zu schaffen, da lagen alle ge-

Straßenarbeiten in der Schönhauser Allee in Berlin.

meinsam unter den Bäumen am Straßenrand und dösten.

Die Brigade bestand aus Helmut, Karl, Erich, Detlef und eben Karsten. Helmut war der Brigadier, er war um die Fünfzig und eigentlich ganz verträglich. Wenn er meckerte, schimpfte er auf die Qualität des zu verbauenden Materials, über das Wetter und den Pfusch, den Detlef Arbeit nannte. Karl und Erich waren schon älter. Auch sie schimpften viel, vor allem darüber, dass früher alles besser gewesen wäre. Sie arbeiteten langsam, machten viele Pausen und redeten über die großen Bauwerke und Straßen der DDR, die sie erschaffen hatten. Sie waren ihr Leben lang beim Straßenbau und kannten die Republik wie ihre Westentasche. Karsten konnte nicht einschätzen, ob sie schwindelten, wenn sie vom Bau der Stalinallee in Berlin berichteten ... Auch beim Bau der Autobahn Dresden-Leipzig hätten sie »sozialistische Qualitätsarbeit« geliefert ... »Drei Jahre, Junge, und dann rollte der Verkehr! Die besten Maschinen hatten wir, in Belgien hatte der Ulbricht die eingekauft. Es flutschte nur so, und das merkste dann auch in der Lohntüte. Und jetzt, alles Schrottmaschinen! Den Honecker interessieren nur die Transitstrecken. Na, kein Wunder, dafür kassiert er Moneten aus'm Westen. Letzte Woche hat unsere Walze alle Viere von sich gestreckt. Ersatzteile – nix da, Pumpe. In der WEMA Aschersleben habense gesagt, nee, wir müssen unseren Exportplan erfüllen. Und hier, in der Republik, da verkommt alles! Kennste den: Warum gibt es auf unseren Straßen so viele Schlaglöcher?« Karsten schüttelte den Kopf. »Weil man die nicht exportieren kann! Ha, ha, ha ...«

Detlef war zu dieser Arbeit vom Jugendgericht verdonnert worden. Er sollte hier mit Hilfe einer erfahrenen Brigade die Freude an richtiger Arbeit, den Respekt vor der Leistung anderer und die Achtung des Volkseigentums lernen – im »Schoße eines sozialistischen Kollektivs«, witzelte Karl. Helmut nannte das Wiedereingliederung. Detlef trug sein Haar ziemlich lang, und eines der Ohrläppchen schmückte ein Ring. Karsten fand das verwegen, zugleich wurde er das Gefühl nicht los, dass Detlef nicht aus Nachlässigkeit pfuschte oder aus Faulheit, sondern einfach nichts kapierte.

In welchem schlechten Zustand sich die Fernverkehrsstraße befand, war

Warum gibt es auf unseren Straßen so viele Schlaglöcher?

1973

- **3. April:** *In einer Sitzung des Politbüros der SED wird die Arbeit am RGW-Auto P760 ad acta gelegt*
- **17. Juni:** *In Plauen wird die 1. Spitzenfestrallye durchgeführt*
- **12. November:** *In Zwickau rollt der 1-millionste Trabant vom Band*
- *Bei MZ Zschopau Beginn der Produktion der Typenreihe TS 150*

»Die DDR ist der einzige Staat der Welt, der den Mond konsequent für friedliche Zwecke nutzt.« »Für welche friedlichen Zwecke?« – »Für die Straßenbeleuchtung.«

1974

- 1. Januar: Auf Anordnung des Ministeriums des Innern der DDR müssen DDR-Kraftfahrzeuge anstelle des bisherigen »D« das Zeichen »DDR« anbringen
- Das Ampelmännchen wird als Lichtsignalbild zum DDR-Standard gemacht
- Waltershausen baut mit dem Multicar M 24 ein kräftigeres, schnelleres und komfortableres Modell, die Exportquote liegt bei 48 %
- Die DDR bestellt geheim bei Volvo in Göteborg mehrere Volvo 164
- Simson-Suhl bringt das Mokick S50 auf den Markt
- Die Wartburg-Werke Eisenach erzielen erstmals eine Jahreswarenproduktion im Wert von 1 Mrd. Mark
- Beim Teterower Bergringrennen wird erstmals der Lauf um den Goldenen Helm ausgetragen
- Das Naumburger Bergrennen zählt nun als Weinbergrennen als DDR-Meisterschaftslauf für den Straßenrennsport in allen Auto- und Motorradklassen

Karsten nie aufgefallen. Tiefe Risse zogen sich durch die Asphaltdecke, und die Löcher sahen wie kleine Krater aus. Der Arbeitsablauf war immer gleich. Der Straßenabschnitt war entsprechend den »Richtlinien für die Sicherung von Arbeitsstellen auf Straßen« mit den rot-weißen Baken abgesichert. Helmut fuhr morgens die Strecke ab und legte, je nach Qualität der Schlaglöcher, ihr Tagespensum fest. Stück für Stück zog die Brigade die flimmernde Straße entlang. Reinigen – Auffüllen – Verdichten – Abstreuen, so ging es Loch für Loch voran. Weil es sich nicht um eine Autobahn, geschweige denn um eine Transitstrecke Richtung Westen handelte, sondern nur ein paar Kilometer Fernverkehrsstraße, wurde das Material vor Ort von Hand gemischt.

Künstlicher Asphalt, so lernte Karsten, wird aus Erdöl hergestellt. Die durch Destillation gewonnenen Asphalte, die aus den nichtflüchtigen Kohlenwasserstoffen des Erdöles bestehen, werden zu Straßenbelägen verarbeitet. Das Bitumen genannte Bindemittel bildet zusammen mit den Gesteinskörnungen den Asphalt. Aber hier arbeiten sie mit Teer. Im Westen ist das schon lange verboten. An die Großbaustellen zwischen Berlin und Hamburg, für die sogar Kipper und Kippsattelzüge von Mercedes-Benz angeschafft wurden, wurde der heiße Bitumen gebracht. Hier, in der Republik, sparte man an erdölhaltigen Verbundstoffen, und die Schlaglöcher wurden mit einem Gemisch gefüllt, das zwar aus Sand und Kies, aber wenig Bindemittel bestand. Das hielt dann auch leider nicht viel aus – schon gar keinen harten Winter.

Weil Karsten mit dem Moped kam, wurde er auserwählt, sich um das Frühstück zu kümmern: 30 Brötchen, 1 Stück Butter, 2 kg Hackepeter, für jeden einen Liter Milch. Am ersten Tag erschien es Karsten unmöglich, dass sieben Mann solche Mengen verzehren könnten. Nach der ersten Woche war klar, dass das problemlos ging.

Manchmal war Helmut unterwegs und besorgte Material. Dann saßen Erich und Karl ab zehn am Straßenrand im Schatten der Bäume und tranken Schnaps aus der Thermoskanne und Bier. Detlef haute meistens wieder ab.

Die Arbeit war hart: die Teerkocherei in der glutheißen Sonne, mit der Schubkarre Material ranfahren – je nachdem wie weit man kam, hieß das mitunter, lange Strecken mit einer Schubkarre voll Kies zurücklegen – viel Schipperei.

Karsten träumte nachts oft von langen flimmernden Straßen. Rund 13000 Kilometer Autobahnen und Fernverkehrsstraßen und rund 35 000 Kilometer Landstraßen geisterten durch seine Träume. Nicht endende Straßen, und alle voller Schlaglöcher!

Am 1. August, Karstens Arbeitszeit war zur Hälfte um, kreuzten sie zwischen Hohenölsen und Wildetaube eine kleine Kopfsteinpflasterlandstraße. Die Situation in der Brigade hatte sich etwas verändert. Erich war wegen eines verstauchten Fußes zu Hause geblieben, Karl arbeitete noch langsamer, so als müsse er Erichs Fehlen kompensieren. Detlef und Karsten hatten sich angefreundet, und Helmut erlaubte sogar, dass Karsten Detlef zur Arbeit auf dem Moped abholte. Die beiden schufteten zusammen, bis sie von der Schaufel Blasen an den Fingern hatten. Helmut stand an der Kreuzung und blickte den kleinen Weg in den Wald hinein. »Jungs, ich bin ja nicht umsonst Facharbeiter für Straßenbau geworden, das liegt, sozusagen, bei mir in der Familie. Mein Uropa hat diese Straße gebaut, das muss so um 1900 gewesen sein, da war er so ein Steppke wie du, Karsten.«

»Wie?«, fragte Detlef, wie immer etwas begriffsstutzig.

»Mensch, mit seine Hände und mit Steinen und noch zehn Mann aus den umliegenden Dörfern.«

»Das hat bestimmt ewig gedauert, und wo kamen die Steine überhaupt her, welche Maschinen haben die benutzt?« Karsten war fasziniert. Helmut erzählte schon weiter: »Und wisst ihr, es heißt, dass die im Westen auf solche Straßen ganz scharf sind. Man sagt, dass das Katzenkopfpflaster, das wirklich alte, so wie dieses hier – nicht die Steine aus dem minderwertigen Beton oder der Hochofenschlacke, die in der Stadt verbaut werden –, also die Feldsteine gern von westlichen Gemeinden gekauft werden, weil es eben historisch ist.«

»Na, wenn sie uns dafür eine schnurgerade schwarze Asphaltstraße hinlegen, schön mit einer Walze aus Aschersleben ausgefahren, dann sollen sie die alten Straßen haben«, sagte Karl.

»Solche Straßen in den Städten würden sicher nicht nur historisch aussehen, es würde automatisch dazu führen, dass die Autos sich an die Geschwindigkeitsbegrenzung halten, schließlich kann man über eine solche Straße nicht mit 60 und mehr Sachen brettern«, sinnierte Karsten.

»Du wirst mal ein großer Stadtplaner, schaffst es bestimmt ins Ministerium für Verkehrswesen. Dann kannst du so etwas planen und außerdem die Luschen hier zum Winterdienst einteilen«, lachte Helmut und klopfte ihm mit seiner Bärenpranke auf die Schulter. »Weiter geht's!«

Die Arbeitstage verliefen eintönig, und wäre nicht die Aussicht aufs Geld gewesen, mit dem Karsten große Pläne hatte, er hätte wohl seinen Job geschmissen. Er war sich sicher: Nie wieder Straßenbau!

Einmal noch hörte Karsten nach diesen Ferien von seinen Kollegen. Er traf Helmut, und dieser erzählte ihm, dass Detlef geschnappt worden sei, als er mit einem alten Lkw versuchte, die Grenze zu durchbrechen. Der Lkw sei voller Feldsteine gewesen, und keiner konnte sich erklären, was er damit vorhatte.

Karsten machte einen Ausflug nach Wildetaube. Die Straße war schon wieder in einem jämmerlichen Zustand, und an der Kreuzung fehlten etwa drei Meter Feldsteine. Was musste Detlef da geschuftet haben!

Warum gibt es auf unseren Straßen so viele Schlaglöcher?

Asphaltierung auf der Karl-Marx-Straße in Magdeburg.

Das Verkehrswesen, es entwickelt sich

Nr.00014*

Der Mensch steht im Mittelpunkt

O.U., den 28. 11. 1989

Autor: Hans Hellbach

Ost und West treffen aufeinander: Karambolage 1990 zwischen einem BMW und einem Lada.

Mit 1 PS unterwegs.

Auf der Autobahn wird ein Auto von Polizisten angehalten. »Glückwunsch, Sie sind der hunderttausendste Benutzer dieser Autobahn und haben soeben 1000 Mark gewonnen … was machen Sie jetzt damit?« – »Tja«, sagt der Mann am Steuer, »ich werde damit erst mal meinen Führerschein machen …«– »Glauben Sie ihm kein Wort«, sagt die Frau neben ihm, »er ist völlig besoffen!« Schreit die schwerhörige Oma auf dem Rücksitz: »Wusste ich's doch, dass wir mit dem geklauten Auto nicht weit kommen …« In diesem Moment meldet sich der Opa aus dem Kofferraum: »Sind wir schon im Westen?«

Pünktlich wie jeden Tag betritt Heinz Pfotenhauer das Bürogebäude in der Berliner Krausenstraße, Sitz des Ministeriums für Verkehrswesen und sein Arbeitsplatz. Er grüßt den Pförtner, begibt sich schnellen Schrittes in sein Büro, entnimmt der Aktentasche die Stullenbüchse und setzt sich an seinen Schreibtisch. Die erste Stunde seines Arbeitstages ist der Lektüre des »Neuen Deutschland« vorbehalten.

Dann widmet er sich seiner aktuellen Aufgabe, der Erarbeitung von Vorschlägen zur weiteren Verbesserung der verkehrserzieherischen Aktivitäten.

Es ist viel los auf den Straßen der DDR. Immerhin 5 Prozent des Nationaleinkommens werden durch Personenbeförderung und Gütertransport erwirtschaftet. Daran haben natürlich der Eisenbahn- und der Schiffsverkehr den entscheidenden Anteil – schließlich ist die Deutsche Reichsbahn mit rund 635 000 Werktätigen der personalstärkste Betrieb der DDR, und das Eisenbahnnetz des Landes ist nach dem belgischen das am besten ausgebaute Europas. Doch auch der Gütertransport durch den Kraftverkehr steigt, genauso wie die Zahl der durch den Kraftverkehr beförderten Personen.

Zudem sorgen die Genossen der Parteiführung für die immer bessere Befriedigung der materiellen Bedürfnisse der Werktätigen, so dass die Bürger nicht nur die formschönen und zweckmäßigen Wartburgmodelle und den korrosionsbeständigen Trabant aus heimischer Produktion, sondern auch Importwagen erwerben können. In der Zeit wachsender Mobilität und planmäßiger Auslieferung von immer mehr Pkw an Privathaushalte gilt es also, die Bevölkerung, vor allem die Kinder, zu schützen und die Bürger zu besseren Verkehrsteilnehmern zu erziehen, um das Leben in unserem sozialistischen Land noch schöner und sicherer zu gestalten.

Pfotenhauer öffnet den Aktenordner mit den statistischen Erhebungen. Die Unfallstatistiken zeigen: Gab es im Jahr 1965 98121 Verkehrsunfälle, sank diese Zahl erfreulicherweise auf 50 861 im Jahr 1971. Doch dann stieg sie wieder und liegt jetzt, 1976, bei fast 60221. Als wäre das nicht beunruhigend genug, muss auch festgestellt werden, dass die Zahl der bei Verkehrsunfällen getöteten Personen seit den sechziger Jahren, als diese noch unter 2000 lag, auf 2324 im Jahr 1976 gestiegen ist.

Selbstverständlich unterscheiden sich die einzelnen Bezirke. So scheint es, dass die Bürger in den nördlichen Bezirken besonders risikofreundliche Autofahrer sind. Die Zahl der bei Verkehrsunfällen getöteten Personen in den Bezirken Neubrandenburg und Rostock liegt bei 2,31 auf 10 000 Einwohner, während die Bürger unserer Hauptstadt Berlin gemeinsam mit denen aus dem Bezirk Suhl mit 1,11 Toten auf 10 000 Einwohner umsichtiger fahren. Beste Verkehrsteilnehmer sind die Bewohner des Bezirks Karl-Marx-Stadt. Nur 1,06 Personen auf 10 000 Einwohner sterben an den Folgen eines Verkehrsunfalls. Die Anzahl der verletzten Personen liegt zwischen 24 und fast 40 auf 10000 Einwohner, im Republiksmaßstab bei 30. Unerklärlicherweise werden in Potsdam besonders viele Menschen im Straßenverkehr verletzt. Als Unfallursache Nummer 1 ist »überhöhte beziehungsweise nicht angepasste Geschwindigkeit« auszumachen, gefolgt von »Nichtgewähren der Vorfahrt«. Auf dem dritten Platz rangiert »Vorschriftswidriges Betreten/Überqueren der Fahrbahn«.

Seit 1955, als nur ein privates angemeldetes Fahrzeug auf 500 Haushalte kam, ging es in der DDR rasant voran, findet Pfotenhauer. Ja, auch das Verkehrswesen, es entwickelt sich ... Während 1960 auf 100 Haushalte 3 private Fahrzeuge kamen, waren es zehn Jahre später schon 15,6. Im Jahr 1976 sind es 28,8.

Beim Klassenfeind, dessen Unfall-Statistik man vergleichsweise hinzuzieht, stehen die Zahlen auch nicht zum Besten. Von den rund 60 Millionen Bürger im westlichen Deutschland mussten 1970 19193 ihr Leben im Straßenverkehr lassen. Sicher, die Motorisierung ist in der BRD viel weiter fortgeschritten, aber das sind keine Zustände, an denen man sich orientieren sollte. Schließlich steht bei uns der Mensch im Mittelpunkt.

Die weitere kontinuierliche Entwicklung unserer Volkswirtschaft, sagt sich Pfotenhauer, wird dazu führen, dass die Bevölkerung der DDR in nicht allzu ferner Zukunft komplett motorisiert sein wird.

Das erfüllt ihn mit Stolz, zeigt ihm aber auch, dass er mit seiner Arbeit einen wichtigen Beitrag zur Entwicklung von allseits gebildeten sozialistischen Persönlichkeiten im Allgemeinen und von verantwortungsbewussten Verkehrsteilnehmern im Besonderen zu leisten hat. Denn da hapert's noch.

Pfotenhauer kennt Geschichten von seinem Bruder, dem Verkehrspolizisten, die ihm die Haare zu Berge stehen lassen. Alkohol am Steuer, riskante Rasereien Jugendlicher auf ihren Mopeds und Motorrädern, Fahrzeuge, die die technische Überprüfung laut § 12 der StVO versäumt hatten, Nichtbeachtung der Ampelanlagen ...

Dass an der Einführung der Helmpflicht für Kradfahrer und der Gurtpflicht für Autofahrer gearbeitet wird, begrüßt Pfotenhauer. Aber zum einen bedürfen solche Maßnahmen langfristiger Vorbereitungen, zum anderen

Der Mensch steht im Mittelpunkt

1975

- ***Innovationen beim Trabant: größerer Innenspiegel, verbesserter Korrosionsschutz, Schalldämmmatten in Fahrgast- und Kofferraum***
- ***Bei Simson-Suhl Produktionsauslauf des »Habicht«, des letzten neuen Modells der »Vogelserie«***

1976

- ***19. November: Beim Trabant kommt erstmals die Krümmerheizung zum Einsatz***

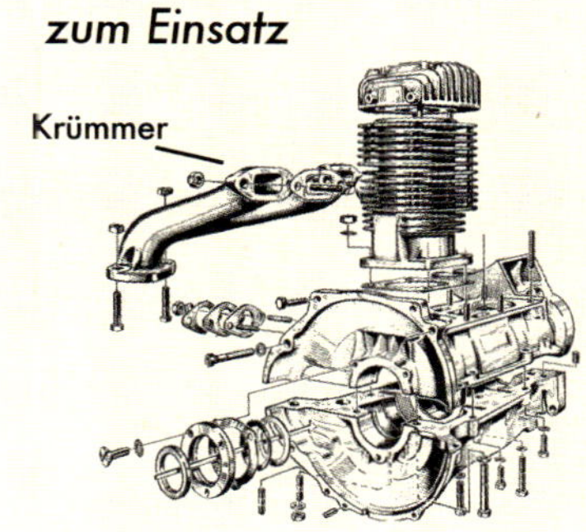

glaubt er nicht, dass sie reichen werden, die Zahl der Verkehrsunfälle tatsächlich zu reduzieren. Und drittens ist seine Aufgabe eine andere. Man muss die Bürger doch erziehen und nicht einfach zwingen!

Unser Weg ist richtig, weiß Pfotenhauer. Über 250 000 Werktätige sind Mitglied in den »Kollektiven für Verkehrssicherheit« in den Betrieben. Dort schulen ehrenamtliche Mitarbeiter die Kraftfahrer. Immer mehr Werktätige und Kollektive gehen Selbstverpflichtungen über unfallfreies Fahren, die Einhaltung der technischen Auflagen und der Fahrtzeiten ein. Zur Belohnung gibt es dann Prämien in den Betrieben und die Urkunde und Ehrennadel »Vorbildlicher Kraftfahrer der DDR«.

Die Verkehrserziehung an Schulen und Kindergärten findet mit tatkräftiger Unterstützung der Volkspolizei und freiwilliger Helfer statt. Pfotenhauer selber war erst neulich zu Gast auf einem Pioniernachmittag, um über richtiges Verhalten im Straßenverkehr zu sprechen. Auch eine Arbeitsgemeinschaft »Junger Verkehrshelfer« hat er besucht. 40 000 Schüler verbringen so sinnvoll ihre Freizeit. Und fast 10 000 Schülerlotsen aus den höheren Klassenjahrgängen helfen den kleinen Schülern, ihren Schulweg sicher zurückzulegen.

Auch viele Motorsportfreunde in den Betriebssportgemeinschaften basteln nicht nur an ihren Fahrzeugen rum und drehen ihre Runden, sondern beteiligen sich an den Maßnahmen zur Verkehrserziehung.

Natürlich ist Pfotenhauer Leser aller Auto- und Verkehrszeitschriften, die es gibt. Er greift nach dem Stapel der Neuerscheinungen. »Kraftfahrzeugtechnik« und »Illustrierter Motorsport« interessieren ihn weniger. »Kraftfahrzeugtechnik« legt den Schwerpunkt auf technische Erläuterungen. Ein neues Modell wird hier nicht etwa einfach getestet, sondern zerlegt und zergliedert. Der »Illustrierte Motorsport« berichtet vorzugsweise über das erfolgreiche Abschneiden der sozialistischen Länder in internationalen Wettkämpfen und über technische Besonderheiten der Rennautos und -Motorräder. Der Anteil der pädagogisch wertvollen Ratschläge zum Fahrverhalten oder bei Unfallsituationen müsste, meint Pfotenhauer, in diesen Zeitschriften größer sein. Er schätzt besonders die ebenfalls monatlich erscheinende Zeitschrift »Der deutsche Straßenverkehr«. Hier wird auch über rechtliche Fragen, etwa Änderungen der Straßenverkehrsordnung oder besondere zivilrechtliche Urteile, berich-

Übrigens ist der Trabant ein echter Fortschritt im Automobilbau: Bei einem Unfall haben Fußgänger jetzt erstmals die Möglichkeit, zurückzuschlagen …

tet und mit Rubriken wie »Aus Sicht des Fahrschullehrers« oder regelmäßigen Beiträgen über die verkehrsregelnde Tätigkeit und damit verbundene Sorgen der Volkspolizei für Informationen über Fahrsicherheit und vorbildliches Fahrverhalten gesorgt.

Jährlich erscheint der »Motor-Kalender«, in dem neben den neuen Fahrzeugtypen der zivilen DDR-Produktion auch Modelle für die NVA vorgestellt werden.

Ebenfalls jährlich erscheint »Motorjahr – eine internationale Revue« und gibt einen Überblick über »Produktions- und Verkehrsverhältnisse« und neue Automodelle aus aller Welt. Hier werden die Designlinien auch der westlichen Hersteller besprochen. Aber es missfällt Pfotenhauer, dass – beispielsweise – der neue Citroen besser wegkommt als der neue Wartburg.

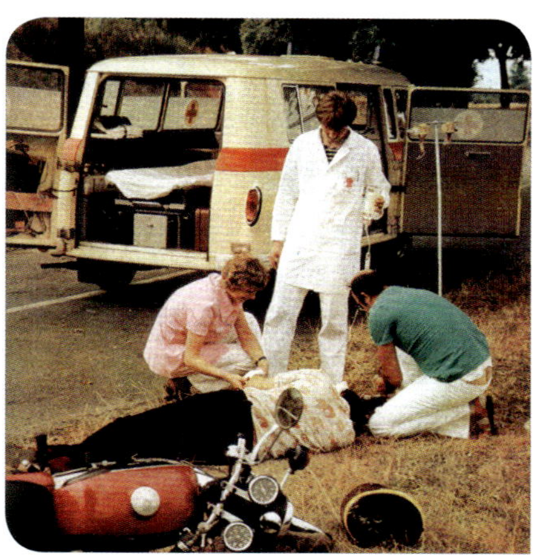

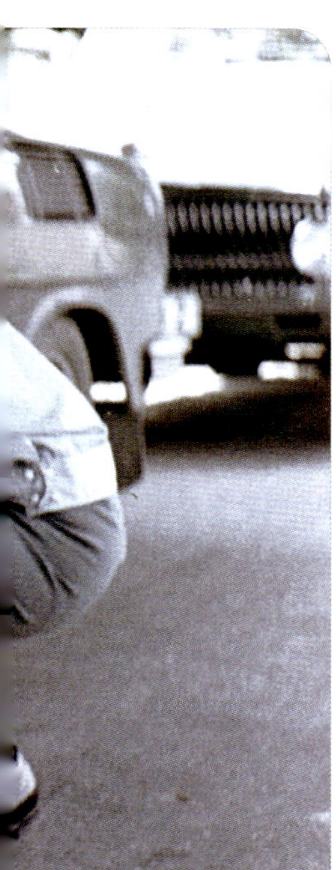

Nur eine Übung: Abbildung aus der Zeitschrift »Der deutsche Straßenverkehr«.

Da fehlt doch was?

Seit 1970 veröffentlichen die Automobilwerke Eisenach »Wartburg-Signale«, ein monatliches Mitteilungsblatt über alle Neuerungen rund um den Wartburg, für Interessenten in der DDR, der BRD und Österreich.

Hauptsächlich für die internationale Präsentation des DDR-Fahrzeugbaus ist der »Mobilreport« des Industrieverbandes Fahrzeugbau der DDR (IFA) sowie die Zeitschrift »Deutscher Export« der Außenhandelskammer gedacht. Denn die Nutzfahrzeuge aus der DDR werden in viele Länder exportiert, und auch Pkw sind in Ungarn, Polen, Bulgarien und in der Sowjetunion sowie in den skandinavischen Ländern, hier vor allem in Finnland, gefragt.

Wenn auch nicht jeder DDR-Bürger ohne weiteres in den Besitz eines Autos kommt, so kann er sich doch umfassend informieren, meint Pfotenhauer.

Jetzt aber zückt er seinen Stift, um eine Idee festzuhalten, die ihm am Vorabend kam. Da lief die Sendung »Verkehrskompass«, in der dankenswerterweise der Schauspieler Günter Schubert mitwirkt. Er tritt als »Verkehrssünder« Meier auf und spricht am Ende jeder Spielszene den Schlusssatz: »Das will ich nun auch ganz gewiss nicht wieder tun!«

Pfotenhauer ist sich sicher: Wir brauchen Vorbildfiguren.

Er notiert: »Otto Mellies als zuverlässiger Fahrer eines Barkas der Dringlichen Medizinischen Hilfe, Manfred Krug als Sinnbild eines tüchtigen Brummifahrers auf einem W 50, Armin Mueller-Stahl als charmanter Taxifahrer auf den nächtlichen Straßen ...«

Der Arbeitstag neigt sich dem Ende. Pfotenhauer ist zufrieden mit dem Ergebnis und schließt die Ordner. Morgen wird er weiterarbeiten an der immer weiteren Verbesserung der Maßnahmen zur Verkehrserziehung in unserer Deutschen Demokratischen Republik.

Der Mensch steht im Mittelpunkt

1977

- ✘ *Der Import von 10 000 Pkw VW Golf 1 wird vereinbart*
- ✘ *Import von 100 Volvos für den Partei- und Staatsapparat sowie von 2000 Volvo 244 DLS für den IFA-Vertrieb*
- ✘ *Konstruktion und Bau des MT-77 Rennwagens durch Melkus und Thaßler*
- ✘ *Baubeginn eines neuen Werkteils in Eisenach-West (Fertigstellung 1980)*

Ein hoher Genosse, der in angetrunkenem Zustand zwei DDR-Bürger angefahren hat, fragt den Richter nach seiner zu erwartenden Strafe. »Du bekommst natürlich keine, Genosse! Der Mann, der durch die Scheibe deines Autos flog, wird wegen Einbruchs verurteilt. Und der andere, der fünfzehn Meter durch die Luft flog, wird wegen Unfallflucht bestraft.«

Bei Anruf ... besetzt

Nr.00015*

Ein schwarzes Taxi und viele Schwarztaxis

O.U., den 28.11.89

Autor: Birgit Meier

Taxi der Marke Wolga am Bahnhof in Rostock im Jahr 1990.

1978

✗ *1. Januar: Bildung des VEB-IFA Kombinat Nutzfahrzeuge Ludwigsfelde, wobei das Kombinat und der VEB IFA-Automobilwerke Ludwigsfelde getrennt geleitet werden*

✗ *Neue StVO; u. a. neues Stoppschild und Grüner Pfeil; VEB Signaltechnik in Wildenfels wird zum Alleinproduzenten der Verkehrsampeln*

✗ *13. Januar: Der erste Zug mit 200 VW Golf rollt über die deutsch-deutsche Grenze*

✗ *1. August: Der 1 500 000. Trabant läuft vom Band; Sachsenring Zwickau entwickelt den Prototyp »P 610« mit Ganzstahlkarosserie und Viertaktmotor*

✗ *12. September: Trabant P 601 »Tramp« geht offiziell in Serie*

✗ *Der Pkw-Bau in der DDR wird durch das VEB IFA-Kombinat Pkw als Dachorganisation geleitet. Die Kombinatsbildung entstand durch die Teilung der damaligen Vereinigung Volkseigener Betriebe (VVB) in die Kombinate Pkw in Chemnitz, Nutzfahrzeuge in Ludwigsfelde, Zweiräder in Suhl und Spezialaufbauten/Anhänger in Werdau*

Martin Mewes schiebt seinen Teller zurück. Das aufgewärmte Essen hat ihm nur mäßig geschmeckt. Wenn er Spätschicht hat und Erika Frühschicht, kocht sie am Abend vor. Da ist die Arbeitsteilung ganz traditionell zwischen der Busfahrerin Erika und dem Taxifahrer Martin. Immerhin ist er satt, streicht sich den nicht zu übersehenden Bauchansatz und sieht dabei auf seine Armbanduhr – das funktioniert ganz automatisch. Er muss sich fertigmachen, um pünktlich zu Schichtbeginn im Taxifuhrhof des VEB Kraftverkehr Leipzig, kurz VEB Taxi, zu sein und dort das Taxi zu übernehmen, das sich sein Kollege Michael und er teilen.

750 Taxis gibt es in Leipzig, zwei Drittel davon fahren für den VEB Taxi. Die anderen gehören privaten Betreibern, meist sind es Ein-Mann- oder kleine Familienbetriebe, zusammengeschlossen in der Leipziger Taxigenossenschaft.

Michael und Martin sind die dienstältesten Taxifahrer und teilen sich den letzten schwarzen Wolga. Die robusten Fahrzeuge sind eigentlich keine Besonderheit – ab 1959 wurde der Wolga GAZ M21 als Behörden- und Polizeidienstfahrzeug, aber auch als Privatauto aus dem sowjetischen Gorki importiert. In den siebziger Jahren gab es den Nachfolger, den Wolga GAZ M24 sowohl für den privaten Käufer, vor allem aber als Taximodell. Bei ihrem Fahrzeug handelt es sich noch um einen M21. Die neueren Wolgas sind meist in hellen Farben gehalten, genau wie die Wartburgs, die den Wolga von seinem Platz 1 unter den Taxis mittlerweile verdrängt haben. Der schwarze Wolga M21 mit dem Baujahr 1965, wegen des hohen Spritverbrauchs von 12 Litern auf 100 Kilometern in den achtziger Jahren wie die meisten Wolga-Taxis auf Gasantrieb umgestellt, erinnert in der Form, mit seinen vertikalen Grill-Stäbchen und seinem reichen Chromzierrat ein bisschen an amerikanische Straßenkreuzer oder den Opel Kapitän. Es ist ein Fünf- bis Sechssitzer, mit durchgängiger vorderer Sitzbank. Diese Modelle sind inzwischen selten geworden auf den DDR-Straßen. Und ein auch nur annähernd so gepflegtes Fahrzeug, davon ist Martin überzeugt, gibt es überhaupt nicht mehr.

Wie immer übergibt ihm der Kollege den Wagen in einwandfreiem Zustand. »Irgendwelche Vorkommnisse, Michael?«

»Nein, gar nichts. Alles in Ordnung, die Touren haben gut geklappt, keine Leerstände, kaum Hunde, keine Kurzstrecken. Viel Spaß bei der Schicht.«

Martin fährt zum Taxistand am Hauptbahnhof, da ist die Schlange der Wartenden immer lang, und mit jedem Zug, der im größten Kopfbahnhof Europas einrollt, scheint sie länger zu werden. Schon als er auf den Bahnhof zufährt, sieht er die Schwarztaxen ihre Runden drehen. Heute ist wohl ein ruhigerer Tag. Einige Schwarzfahrer haben ihre Autos etwas abseits geparkt, stehen im Eingang des Bahnhofs und sprechen die Reisenden direkt an.

Martin kann verstehen, dass die Leute, die schnell an ihr Ziel wollten, sich nicht in die Warteschlange am Taxistand auf dem Bahnhofsvorplatz einreihen wollen. Er versteht auch, dass jemand, der kein Taxi bekommt, einfach an die Straße tritt, die Hand hebt und irgendwo zusteigt. Das ist mittlerweile gang und gäbe, besonders abends, wenn Kino-, Theater- oder Partygänger ihre Ziele oder ihr Zuhause anstreben. Aber diese semiprofessionellen Typen, die Reisende direkt ansprechen und zur Messezeit auf Leute schielen, die vielleicht aus dem Westen kommen, sind ihm ein Verdruss. Es geht ihm gegen die Berufsehre, diese Typen zu dulden. Er wünscht jedem von ihnen Touren mit Fahrgästen an den Hals, die am Ende nicht zahlen. Schließlich liegt die Fahrpreiserhebung bei den illegalen

Ein schwarzes Taxi und viele Schwarztaxis

Taxis beim Gast und nicht beim Fahrer. Was sollen die Fahrer machen, selbst wenn vorher ein Preis verhandelt wurde, wenn der Fahrgast, ohne seinen Obulus zu entrichten, verschwindet? Die meisten Fahrgäste aber, glücklich, überhaupt befördert zu werden, sind eher großzügig. Mit Schwarz-Taxi fahren ließen sich mitunter 120 Mark in der Nacht verdienen, manchmal noch mehr.

Aber diese – man konnte schon sagen – Schlepper, die sich vor allem am Bahnhof einfinden und in der Nacht besonders aktiv sind, weil man mit Nachtschwärmern beste Geschäfte machen kann, sind ihm ziemlich zuwider. Obwohl jedermann weiß, dass es illegal ist, werden sie geduldet. Dass die Polizei gegen sie vorgeht, hat Martin noch nicht gehört. Dabei sind sie doch gar nicht zur Personenbeförderung berechtigt! Und ein PBE-Schein, die Personen-Beförderungs-Erlaubnis, ist doch Vorschrift.

Martin sucht nicht den Streit mit solchen Leuten, aber einige seiner Kollegen hatten die Sache schon mal in die Hand genommen und während einer Nachtschicht Schwarzfahrern die Schlüssel ihrer Wagen abgenommen und in den Gulli geworfen.

Martin schaltet das Taxilicht an, signalisiert, dass er frei ist, und fährt an den Taxistand, der sich zwischen West- und Osthalle befindet. Die Schlange ist mittelmäßig lang, und gerecht geht es zu, immer der Reihenfolge nach. Die erste Tour führt nach Grünau. Martin weiß, dass die angegebene Adresse nicht weit von einer Funktaxisäule ist. Das ist gut und sichert eine weitere Tour.

Er stellt das Taxameter an: Grundgebühr M 0,50, tagsüber bis drei Personen je angefangenem Kilometer M 0,65. »Die beiden Kinder sind doch unter zehn? Dann gelten sie gemeinsam als eine Person.«

»Obwohl sie laut sind wie fünf«, scherzt die Mutter. »... und der Hund noch mal 50 Pfennig drauf«, sagt Martin nach hinten durch.

Erst vor drei Jahren, 1986, wurden Taxameter, das »Botax 80«, eingeführt. Bis dahin legten die Taxifahrer durch

Taxistand am Leipziger Hauptbahnhof, 1974.

ADN meldet:
»21. November 1973. Die ersten Linientaxis der DDR-Hauptstadt verkehren von Bahnhof Friedrichstraße nach Weißensee und Pankow. Die ersten Interessenten erkundigten sie am Morgen des ersten Tages bei den BVG-Fahrern nach den Einzelheiten und erfuhren, dass die Barkas-Kleinbusse sechs Personen mitnehmen können und an mehreren verkehrsreichen Punkten der Linie halten. Die festen Haltestellen haben ein blaues ›H‹ auf gelbem Grund und tragen Tafeln mit den Fahrplänen. Bis gegen 22.35 Uhr verkehren die neuen Taxis alle 30 beziehungsweise 20 Minuten.«

Ein Mann muss so schnell wie möglich zum Bahnhof. Der Taxifahrer rast los wie ein Wilder. Ampel rot – er drüber weg! Nächste Kreuzung wieder rot – er wieder drüber weg. Und wieder rot – er drüber weg. Und wieder und wieder. Dann zeigt eine Ampel grün. Der Taxifahrer tritt voll auf die Bremse. »Warum denn das – bei Grün?«, fragt der Fahrgast. Antwortet der Taxifahrer: »Man muss vorsichtig sein, es könnte ein Kollege kommen.«

einen Blick auf den Kilometerzähler fest, wie viel der Fahrgast zu löhnen hatte. Kann sein, dass der eine oder andere Fahrer nach oben aufrundete. Martin hat gehört, dass bei Einführung des Fahrtenzählers in den Berliner Verkehrsbetrieben 150 VEB-Fahrer kündigten. Ob das wohl stimmt?

Er liefert die Familie in Grünau ab. Martin steigt nicht aus. An der Funktaxisäule muss er nicht lange warten. Die Zentrale ruft an. Eine Taxibestellung aus dem Astoria. Das bringt ihn in die Bredouille: Gern nimmt er diese Bestellung an, das wird sicher eine gute Tour, er sieht das Trinkgeld schon vor sich; allerdings ist er in Grünau, das ist weit weg. Die VEB-Leute dürfen auf 100 Kilometer nur 16 Leerkilometer und zwischen zwei Fuhren höchstens fünf bis zehn Kilometer ohne Kunden fahren. So will es der Plan, und an seiner Erfüllung hängen auch Zuschläge und Prämien. Bei allem Verständnis für »Spare mit jedem Gramm, jeder Minute, jedem Pfennig« – und eben auch jedem Kilometer –, die Sache ist zweischneidig. Während etwa am Hauptbahnhof die Warteschlange zum Volksauflauf anwächst, muss ein Taxifahrer am Rande der City möglicherweise ewig auf einen neuen Fahrgast warten. Wenn Martin also gleich am Anfang der Schicht leer durch die ganze Stadt fährt, hat er sozusagen seine Bonuspunkte aufgebraucht. Doch das Glück ist ihm hold, er hat kaum der Zentrale geantwortet, als ein Mann angehetzt kommt und schon von weitem Martin anruft, bitte unbedingt zu warten. Bahnhof, zum Bahnhof muss der Mann – na, das ist besonders günstig, das Astoria ist um die Ecke, eine volle Tour zurück – und der Mann kann sein Glück gar nicht fassen. Er erzählt atemlos, dass er nach Berlin muss, wo seine Frau in der Charité gerade entbunden hat. Er ist so aufgeregt, dass er wohl bis zum Bahnhof gerannt wäre. Nun hat Martin ihn gerettet, das Trinkgeld beweist es.

Die Tour vom Astoria ist gut. Der Fahrgast möchte nach Halle. Das sind über 40 Kilometer. Auf der Fahrt hört Martin mal wieder eine absurde Geschichte. Der Mann ist Direktor einer Kosmetikbude; weil aber der Betrieb das Benzinkontingent für den Monat ausgeschöpft hat und es noch drei Tage bis zum nächsten Monat sind, fährt er mit dem Taxi zu seinem dienstlichen Termin nach Leipzig und zurück. Als Taxifahrer erfährt man viel über die

Ein schwarzes Taxi und viele Schwarztaxis

Welt im Allgemeinen und den realsozialistischen Alltag im Besonderen, sinniert Martin. Auch deswegen mag er seinen Beruf.

Er verdient 950 Mark, mit Zuschlägen und Prämien kommt er manchen Monat auf 1200. Das ist nicht schlecht. Zumal das Trinkgeld die Einnahmen gewaltig aufbessert.

Aus Halle muss Martin schließlich allein zurückfahren. Es wird langsam dunkel. Jetzt wäre es gut, wenn er auch ein Funkgerät im Wagen hätte. Vielleicht ist es Zeit, auf einen neuen Wagen umzusteigen, denn nur diese wurden letztes Jahr mit Funkgeräten ausgerüstet; vielleicht redet er mit seinem Kollegen, und sie können den Wolga doch noch nachrüsten. 74 11 rufen die Leute in Leipzig an, um ein Taxi zu bestellen. Martin weiß, dass es eine ziemlich zeitaufwendige Prozedur ist. Die Nummer ist ständig besetzt; wenn man durchkommt, heißt es noch lange nicht, dass sofort ein Taxi frei ist, und manchmal beginnt für den Anrufer, nachdem er endlich durchgekommen ist, die Wartezeit erneut. In Schkeuditz fährt Martin an die Taxirufsäule und ruft in der Zentrale an. Im Nu hat er einen Fahrgast für die Strecke in die Innenstadt.

Am Bahnhof fallen ihm einige der sogenannten Hilfstaxis auf. Diese sind durch ein Schild »Hilfstaxi Nr. abc« auf dem Amaturenbrett gekennzeichnet. Und noch eine neumodische Erfindung gibt es, die Martin ebenfalls nicht behagt. Wer in seiner Freizeit Taxi fahren will, kann in seinem Betrieb ganz legal eine Genehmigung für den Nebenjob beantragen. Maximal 400 Stunden im Jahr und höchstens 60 im Monat dürfen sie fahren und sich ein reguläres Taxischild bei den Verkehrsbetrieben holen. 3000 Mark des Nebenverdienstes sind steuerfrei. Für Trabibesitzer ist das allerdings kein Angebot, nur viertürige Wagen werden akzeptiert. Dass die Autos technisch und optisch in einwandfreiem Zustand sein müssen, versteht sich von selbst. Martin denkt, dass es besser ist, eine Sache richtig zu machen als zwei Berufe nur halb. Aber dass Taxis fehlen, ist nun mal eine Tatsache, und in dem Fall findet er solche Regelungen aus dem »kleinkapitalistischen Unternehmertum« besser, als wenn blanke Anarchie herrscht.

Ein paar Touren fährt Martin noch, auch eine über die Zentrale vermittelte nach Wahren. Er stellt das Taxameter ein, die Anfahrtsstrecke darf in Rechnung gestellt werden, und die Uhr läuft auch, als er in der angegebenen Straße vor dem Haus wartet. Die ersten zehn Minuten sind umsonst, weitere angefangene zehn Minuten kosten je 0,50 Mark. Martin flucht, der Fahrgast lässt sich nicht blicken, den genannten Namen findet er nicht. Ohne Funkgerät im Wagen bleibt ihm nichts, als die nächste Funktaxisäule anzufahren oder unterwegs einen Fahrgast zu finden. Wieder hat er Glück, und seine Stimmung bessert sich.

Nimmt er aus einer Reihe Wartender Fahrgäste auf, fragt er meist, ob einer der Bürger in die gleiche Richtung will. Dass sich ein Fahrgast gegen die Mitnahme eines weiteren Passagiers sträubt, hat er noch nie erlebt. So sind sie, unsere Menschen. Martin hat nichts davon, denn selbstverständlich darf er nicht den doppelten Fahrpreis veranschlagen. Aber es reduziert die Warteschlangen, und man ist ja kein Unmensch. Weniger gern sieht er es, wenn die Leute untereinander solche Fahrgemeinschaften aushandeln. Er möchte darüber selbst entscheiden. Auch muss er nicht jede Fahrt ins Umland annehmen. Als Mitarbeiter eines Dienstleistungsunternehmens hat er schließlich auch seine Rechte. Und kurz vor Dienstschluss akzeptiert er sowieso nur Passagiere, die in die Richtung wollen, in der der Taxifuhrhof liegt. Einen solchen Fahrgast wählt er sich zum Unmut der anderen Wartenden jetzt aus. Was soll daran ungerecht sein?

Erich Honecker will sich inkognito unter das Volk mischen. Er geht aus dem ZK-Gebäude und steigt in der Breiten Straße in ein Taxi. Der Taxifahrer dreht sich um, erstarrt, dann schüttelt er den Kopf: »Nee, diese Ähnlichkeit! Das ist sicher sehr unangenehm für Sie, was?«

Kommen Sie nächsten Monat!

Nr. 00016*

Tatort Werkstatt

O.U., den 28. 11. 1989

Autor: Thomas Heubner

Eine Kfz-Werkstatt in Neubrandenburg in den achtziger Jahren: Im Zweischichtsystem reparieren rund 80 Kfz-Schlosser die Fahrzeugtypen Lada, Fiat, Skoda, Volvo, VW, Wartburg und Trabant.

1979

✗ 16. April: DDR-Bürger dürfen im Intershop, bei Intertank und Genex nicht mehr bar mit D-Mark, sondern nur noch mit Forum-Schecks bezahlen

✗ Premiere des DEFA-Films »Einfach Blumen aufs Dach« mit einem Pkw »Tschaika« in der Hauptrolle

✗ 1. September: das IFA-Automobilwerk Ludwigsfelde wird Stammbetrieb des IFA Kombinates Nutzfahrzeuge

✗ Beginn des Imports von 5 500 Pkw Citroën GSA

1980

✗ 1. Januar: Die allgemeine Gurtpflicht wird eingeführt

✗ 22. Februar: Der 100 000. Barkas B-1000 rollt vom Band

✗ In der DDR werden 177 000 Pkw sowie 37 000 Lkw produziert

Kfz-Meister Thomas Schrauber gibt zu Protokoll:

Ich kann nicht klagen. Ich gehöre zur Klasse, die die Produktionsmittel besitzt, also zur herrschenden und somit führenden Arbeiterklasse. Damals, am Ende meiner Schulzeit, muss wohl ein Engelchen auf meine Herzklappe gepullert haben. Denn ich entschied mich nicht fürs Abitur, sondern für eine Facharbeiterausbildung zum Autoschlosser.

Dumm war nur, dass ich während meiner Lehrzeit etwas zeitiger aufstehen musste als meine ehemaligen Klassenkameraden, die zur Erweiterten Oberschule gingen. Schließlich war schon um sechs Uhr Schichtbeginn in meiner Lehrwerkstatt in der Blankenburger Straße, im Werk II des ARW (Autoreparaturwerk) Pankow. »Robur« und »Sachsenring« prangte in schwungvollen Leuchtbuchstaben über dem Eingang zum Betriebsgelände. Bei uns wurde fast alles repariert und instandgesetzt, was in der DDR vier Räder hatte. Logisch, dass ich in der Grube nicht nur unter Trabis oder Wartburgs stand, sondern auch unter die Motorhaube eines H 3 A, des Lastwagens aus Werdau kroch oder mit dem Traktor RS 09 meine Runden drehte. In unserem Lehrkabinett stand sogar das Getriebe eines sowjetischen Panzers T 54, immerhin 624 Kilo schwer. Um es kurz zu machen: Über meine Ausbildung kann ich nicht meckern. Ich lernte alles, was man für das Gewerbe braucht, durchschritt alle Stationen vom Karosserie- über den Achsen- und Getriebebau bis zur Elektrik-Werkstatt. Ich lernte eine Zylinderkopfdichtung auszuwechseln, einen Anlasser zu demontieren oder eine Lichtmaschine wieder in Gang zu setzen. Für immer eingeprägt habe ich mir auch den allerwichtigsten Satz meines Lehrmeisters – nicht des Staatsbürgerkundelehrers –, der uns gleich zu Beginn einbleute: »So, und als Erstes üben wir das entsetzte Kopfschütteln beim Öffnen der Motorhaube!«

Am besten fand ich, dass wir schon

im zweiten Lehrjahr keine Trockenübungen mehr verrichten mussten, sondern in den Reparaturalltag unserer Vertragswerkstatt eingebunden wurden. Da kam man manchmal mit Kunden in Berührung, und es fiel mitunter ein kleines Trinkgeld ab. Für mich als Jugendlichen ergab das zusammen mit dem bescheidenen Lehrlingsentgelt ein erkleckliches Sümmchen, so dass ich mir schon bald einen Troll-Roller leisten konnte und am Ende der Lehrzeit eine 150er MZ fuhr.

Mit dem Gesellen-, sprich Facharbeiterbrief in der Tasche, machte ich mich dann auf die Walz. Das heißt, ich ging nicht mehr zum Friseur, ließ mir wie Mick Jagger die Haare etwas länger wachsen – und arbeitete in verschiedenen Kfz-Werkstätten. Das war überhaupt kein Problem. Erstens gab es ja in der DDR keine Arbeitslosen, sondern Arbeitskräftemangel. Und zweitens waren qualifizierte Kfz-Mechaniker gefragter als Agitprop-Funktionäre. Obwohl ich mir nirgends ein Bein ausreißen musste, wurde ich überall mit Kusshand genommen. So machte ich mir in einer volkseigenen IFA-Vertragswerkstatt, in einer PGH des Kfz-Handwerks und bei einem privaten Kfz-Meister meine Arbeiterhän-

»Er hat kapituliert. Zahlt bar und braucht keine Rechnung.«

Die regelmäßige technische Überprüfung der Fahrzeuge erfolgte nach § 12 der StVZO. Ein Prüfsiegel aus Plaste am hinteren Fahrzeugkennzeichen – ca. 3 mm dick und mit dem DDR-Staatswappen geprägt, umgangssprachlich auch »Prägemarke« genannt – wies die Prüfung nach. Von 1963 bis 1968 wurde die Plakette in Gelb vergeben, von 1969 bis 1973 in Rot, von 1973 bis 1975 in Grün, von 1975 bis 1980 in Blau. Ab 1980 wurde das Prüfsiegel als Aufkleber ausgegeben, bis 1986 in Braun, von 1986 bis 1990 in Rot.

Technische Überprüfung eines Trabant im Auftrag des Amtes für Mess- und Warenprüfung (ASMW).

Tatort Werkstatt

de mit Motorenöl schmutzig. Dabei lebten wir stets in einer Überflussgesellschaft – an Kunden und Aufträgen. Leider nicht an Material und Ersatzteilen, die manchmal nicht einmal für den Eigenbedarf reichten.

Ich kann mich noch gut an die Privat-Klitsche erinnern. Konrad Daumann, der Chef, hatte zwar eine Sondergenehmigung und 24 Leute angestellt, trotzdem waren die Reparaturkapazitäten knapp. Ersatzteile wurden streng kontingentiert, nach Plan »von oben« vorgegeben. Selbst wenn wir gewollt hätten, hätten wir nicht allen Kunden helfen können. Andrerseits wollten wir natürlich auch auf unser gutes Geld kommen und mussten deshalb pfiffig sein. Aus Teilen, die man im Westen nicht mehr angucken und nur noch wegwerfen würde, haben wir wieder etwas gemacht. Auf Glatzen Locken gedreht. Klar, fachliches Können und Geschick waren da schon gefragt. Handwerkerehre.

Nur mit den Teilen war das eine komische Sache. Es gab sie eigentlich alle, man musste sie nur kriegen. Der Chef war da einfallsreich. Er setzte seine Frau auf seinen W 50-Laster und schickte sie direkt ins Trabant- und Wartburg-Werk nach Zwickau oder Eisenach. Irgendwie hatte er Materialbezugsscheine organisiert. Das Zeug musste dann vor Ort gleich bar bezahlt und sofort mitgenommen werden. Am nächsten Tag hätte es sich schon jemand anders unter den Nagel reißen können. Der Meister kannte auch jede Menge Leute, die über Umwege helfen konnten. Daraus entwickelte sich ein reger Tauschhandel mit Naturalien. Mit seiner Autowerkstatt konnte er ja etwas anbieten: Leistungen und Ersatzteile. Befand sich mal ein Teil nicht im Lager, schnappte er sich ein anderes gefragtes Stück, fuhr damit zum LPG-Vorsitzenden nach Beelitz und tauschte es gegen einen Zentner Spargel.

Noch verrückter ging es beim Bruder des Chefs zu, der eine Karosseriewerkstatt betrieb. Da die Menschen jahrelang auf ein neues Auto warten mussten, fuhren sie ihre alten Karren bis zur Schrottreife – und darüber hinaus. Freilich mit dem Ergebnis, dass früher oder später Teile oder die ganze Karosserie ausgetauscht werden mussten. Dazu brauchte man aber einen Bezugsschein oder musste sich drei, vier Jahre vorher zum Blechtermin anmelden. Es kam auch vor, dass aus zwei Schrottautos, zum Beispiel Unfallwagen, ein neuer zusammengebaut wurde.

Dennoch waren die Leute glücklich, wenn wir ihnen irgendwie und irgendwann helfen konnten. Wir waren der Kaiser, der König Kunde unser Untertan.

Hektik, Stress und der karge Urlaub von vier Wochen waren die Gründe, weshalb ich mich mit einer Autobude nicht ebenfalls selbständig machte und letztlich bei Meister Daumann kündigte. Sonst hatte er mir keine Steine in den Weg gelegt. Sie stellten mich sogar von der Arbeitszeit frei, als ich in der Abendschule meinen Meister machte. Das hatte ich mit meiner Frau so abgesprochen. Monika war Hausfrau und wollte sich außer unserem Citroën und ihren Antiquitäten auch mal was Ordentliches leisten. Deshalb überzeugte sie mich, dass ich als Kfz-Meister viel besser verdienen könnte.

Zwar war ich anfangs etwas skeptisch, weil jeder gute Plan bei der ersten Feindberührung zum Teufel geht. Doch es klappte. Seit langem arbeite ich nun in der Allee der Kosmonauten in Berlin-Marzahn, wo wir in der volkseigenen IFA-Vertragswerkstatt vor allem jene Schlitten reparieren, die aus den sozialistischen Bruderländern importiert werden. Also von Wolga und Saporoshez über Polski Fiat bis zum jugoslawischen Zastava. Es kann gar nicht genug davon geben – schließlich sichern sie mir mein Brot und den Brotaufstrich. Will damit sagen, dass ich mit meiner Qualifizierung zum Meister auch endlich meine eigentliche Berufung gefunden habe: Annahme-Meis-

»Nun, was ist mit meinem Moskwitsch?«, fragt der Kunde in der Reparaturwerkstatt.
»Gut, dass es kein Pferd ist!«
»Wieso?«
»Sonst müssten wir es erschießen!«

1981

✗ April: Bei MZ Zschopau geht die ETZ 250 in Serie und löst die seit 8 Jahren gebaute TS-Reihe ab

✗ 31. Mai: Handelsabkommen mit Japan, daraufhin u. a. Lieferung von 10 000 Pkw Mazda 323

✗ Import von Volvos 245 Transfer, die auch als Mietwagen des Autovermieters AVIS verwendet werden

SIE: Das Auto ist kaputt. Es hat Wasser im Vergaser.
ER: Wasser im Vergaser? Das ist doch lächerlich!
SIE: Ich sag dir, das Auto hat Wasser im Vergaser!
ER: Du weißt doch nicht mal, was ein Vergaser ist! Ich werde das mal überprüfen. Wo ist das Auto?
SIE: Im Dorfteich.

ter im Kundenservice, also vorn im Büro, nicht mehr hinten in der schmutzigen Werkstatt. In dieser verantwortungsvollen Tätigkeit blühe ich förmlich auf, hier habe ich ein erträgliches Ein- und Auskommen.

Gewiss, es gibt viel zu tun: Das ständig klingelnde Telefon abnehmen und den Kunden einen Reparaturtermin in Aussicht stellen. Oder sie vertrösten, dass sie in sieben Wochen noch einmal anrufen sollen. Oder einen Blick unter die Motorhaube werfen, wenn die Autofahrer nerven und es mit ihrer Karre bis zu unserer Werkstatt geschafft haben. Und nach erledigter Arbeit Rechnung prüfen, Probefahrt und den Glücklichen ihr Gefährt wieder aushändigen.

Das Wunderbare an meiner Arbeit ist der direkte menschliche Kontakt, die Kundennähe. Wer sein Auto reparieren lassen will, kommt an mir nicht vorbei. Doch es wird ja keiner gezwungen in unserem Land. Verständlich, dass man sich da mit der Zeit eine Beziehungskiste zusammenzimmert. Ich meine damit nicht wie im Westen die Affäre mit einer anderen Frau, so mit Gefühlen, Sex und Krise, sondern mehr das sozialistische Vitamin B, so eine Art Beziehungsgeflecht, Seilschaft oder Netzwerk.

Wie eine Spinne sitze ich in der Mitte und ziehe die Fäden. An deren Enden die einzelnen Kunden. Von denen unterscheide ich vier Sorten. An erster Stelle die Fliesen-Geber, beispielsweise Künstler oder andere Handwerker, die Westgeld besitzen oder Naturalien wie gespundete Bretter, Heizungskessel und ähnliches. Als zweites kommen Kunden mit Einfluss, also Leute, die an wichtigen Stellen sitzen, beispielsweise im Wohnungsamt, im Kartenverkaufsbüro im Palast der Republik, Verkaufsstellenleiter im Intershop oder Exquisit oder im Reisebüro. Als dritte kommen die Normalos, schlichtweg Kunden, die mir zwischen 20 und 50 Mark Trinkgeld zustecken, obwohl Ostgeld eigentlich wie ein Bezugsschein ohne Einlösungsgarantie ist. Und als letztes die Naivlinge, die keine Ahnung davon haben, wie es in einem Reparaturbetrieb zugeht, zum Teil auch Geizkragen und Habenichtse wie Lehrer oder Fließbandarbeiter bei NARVA, die unsereinem kaum etwas bringen.

Zum Glück wird die letzte Gruppe zahlenmäßig immer kleiner, die anderen wachsen kontinuierlich. Sie sind eine wichtige Voraussetzung, damit die wegweisende SED-Losung »Ich leiste was – ich leiste mir was!« auch für mich zum Tragen kommt. So sind meine Frau und ich jederzeit in der Lage, unsere kulturellen und materiellen Bedürfnisse immer besser zu befriedigen. Keine Frage – der Bäckermeister um die Ecke legt mir jeden Sonnabend einen Beutel frischer Brötchen zurück, weil ich ihm Karten für den »Kessel Buntes« im Friedrichstadtpalast besorgen kann. Mein Zahnarzt liegt mir zu Füßen, da ich ihn mit einem Telefonan-

Trabant Reparaturwerkstatt in Berlin, 1979.

schluss beglückte. Für mich ist ständig ein Tisch im Restaurant des Fernsehturms reserviert, weil ich dem Chef dort das Buch von dem chinesischen Philosophen Kin Ping Meh verschafft-te. Und wenn Monika und ich in die Staatsoper gehen, werden wir vom Intendanten persönlich mit Handschlag begrüßt und in die erste Reihe geführt, wo wir dann bei Premieren meist vor Krenz, Hager oder Axen sitzen.

Selbstverständlich ist unser bescheidenes Häuschen am Müggelsee mit allem erdenklichen Komfort ausgerüstet. Wie die Nachbarn haben wir alles, was man sich wünscht – zwei Garagen, Motorboot, Marmorfliesen in Küche und Bad, Stilmöbel, HiFi-Anlage, Fernseher und Videorecorder von Grundig usw. Ein Handwerkerkollege, eigentlich zum Stillschweigen verpflichtet, erzählte mir mal im Vertrauen während eines Besäufnisses in der Sinus-Bar vom Palast-Hotel, wie ärmlich es dagegen in Wandlitz zugehe, wo er mal einen Auftrag erledigen musste. Kein Vergleich zu uns. Wir mussten darüber so lachen, dass uns die Bäuche schmerzten.

Irgendwie tun mir die Jungs ja leid. Sie gehören zwar wie ich zur führenden Arbeiterklasse, aber ich möchte mit ihnen nicht tauschen. Abgesehen von der Last der Verantwortung, schon allein wegen des Gehalts. Damit meine ich weniger den runden Tausender, den mir mein Betrieb monatlich aufs Konto überweist. Viel gewichtiger sind die Scheine, die die Kunden mir bei der Begrüßung gleich in die Hand drücken, bei der Erstinspektion des Wagens in die Tasche meines blauen Kittels stecken oder bei Begleichung der Rechnung unauffällig über den Tresen schieben. Zur Vereinfachung rechne ich einen Arbeitstag mit nur 30 Kunden und lediglich 30 Mark Trinkgeld. Das ergibt bei 20 Arbeitstagen schlappe 18 000 Mark. Unversteuert, auf die Kralle. Soviel verdient weder der Staatsratsvorsitzende noch der Generaldirektor vom Kombinat Carl Zeiss Jena.

Solche Vergleiche belasten ganz schlimm, damit muss man erst mal klarkommen. Aber wie sagt meine Monika immer so schön? Das Leben kann so schwer sein, man muss nur wollen.

Tatort Werkstatt

Schulze kommt mit einem Motorschaden an seinem Saporoshez in die Werkstatt. »Bauen Sie mir bitte einen neuen Motor ein, meinetwegen einen generalüberholten, aber billig muss er sein!«
Zwei Tage später ist der Wagen fertig. Schulze steigt ein und fährt dreißig Meter vor, dreißig Meter zurück, dreißig Meter vor usw. Schließlich fragt er wutschnaubend, was denn das für ein Motor sei.
Der Meister antwortet: »Der billigste, den wir hatten – ein Scheibenwischermotor.«

Ohne Kampf kein Sieg

Nr.00017*

Eine schöne Bescherung

O.U., den 28. 11. 1989

Autor: Birgit Meier

Die Wartburg-Besatzung vom MC Wismut Karl-Marx-Stadt beim Auftakt zur Pneumant-Ralley bei der DDR-Meisterschaft im Tourenwagensport im März 1983 in Berlin. Bevor die Wagen starten, müssen auf einer Slalomstrecke auf dem Parkplatz vor der Berliner Werner-Seelenbinder-Halle Hindernisse überwunden werden.

1982

- Die drei Westmächte legen bei der sowjetischen Botschaft Protest gegen ein DDR-Gesetz ein, in dem das Ministerium für Verkehrswesen der DDR für alle Wasserstraßen in West-Berlin als zuständig erklärt wird
- Der 2-millionste Trabant verlässt die Endmontage
- Der VEB Barkas-Werke wird Stammbetrieb des IFA-Kombinates Pkw

1983

- In Zschopau läuft das 2-millionste Motorrad vom Band, eine MZ ETZ 250
- Im Traktorenwerk Schönebeck wird der ZT 323 A als Nachfolger des ZT 303 gebaut

Die Hochzeitsgäste hatten die Datsche der Füllers inzwischen verlassen. Auch Helga und ihr Mann Peter zogen sich diskret zurück und überließen dem Sohn und seiner Frischvermählten das Schlafzimmer. Kathrin warf sich aufs Bett, streifte die Schuhe von den Füßen und streckte sich wohlig. Alberts Blicke wanderten unschlüssig zwischen dem Bett und dem Tisch mit den aufgestapelten Hochzeitsgeschenken hin und her. Zwischen Porzellan, Bettwäsche, Töpfen und den obligatorischen Küchengeräten suchte er ein in Packpapier mit der Aufschrift »Gut gekauft, gern gekauft« gehülltes Päckchen, das ihm die Kollegen aus der Werkstatt geschenkt hatten. In großen Lettern hatten sie draufgeschrieben: ERST NACH DER FEIER AUSPACKEN!

Mit den Worten »... die Feier ist doch vorbei, oder Kathrin?«, griff er nach dem Päckchen.

»Na, mach's schon auf, mich interessiert auch, was drin ist«, ermunterte sie ihn.

Albert knotete die Paketschnur auf, wickelte das Papier ab und reichte beides an Kathrin weiter, die die Schnur aufrollte und das Papier ordentlich zusammenlegte.

Er hielt ein dickes Fotoalbum in den Händen. »Für Albert, unseren Motorsportfreund« konnte Kathrin auf dem Einband entziffern. Kathrin ahnte, was kommen würde. Und schon saß Albert auf der Bettkante und begann zu blättern.

Die Kollegen aus der Werkstatt hatten Fotos, Zeitungsausschnitte und Postkarten auf die kartonierten Seiten geklebt und Kommentare dazugeschrieben. Na, schoss es Kathrin durch den Kopf, das war sicher Lydia, die machte die Buchhaltung und den ganzen Schriftkram in Alberts Kfz-Bude. Von den Jungs hatte wohl keiner so eine ordentliche Schrift – und vermutlich auch nicht die Geduld, die vielen Seiten zu beschriften.

»Ist das nicht toll von den Jungs«,

sagte Albert begeistert und war nicht mehr zu bremsen. »Die haben einfach alles gesammelt, was im Rennsport passiert ist ...

Hier, die Sachsenring-Rennen ... Und hier, Mensch, die Namen sind mir alle seit Kindesbeinen vertraut: der geniale Paul Greifzu, einfach tragisch, Manfred von Brauchitsch, Heinz und Ulli Melkus, Wolfgang Küther, Manfred Günther ...«

»Was war denn tragisch an diesem Greifzu?«, fragte Kathrin dazwischen.

»Sieh mal, das ist der ›Greifzu-Formel-2-Silberpfeil‹, den hat er selbst konstruiert, zusammen mit BMW-Werksingenieuren aus Eisenach. Beim ersten Start der neuen Formel 2, 1950 beim Sternbergrennen von Zella-Mehlis nach Oberhof, siegte er damit. Im Jahr darauf trat er mit einem überarbeiteten Triebwerk und optimiertem Fahrgestell an, fuhr Siege bei den großen Rennen auf der Autobahnspinne Dresden, auf der AVUS in Berlin, auf der Halle-Saale-Schleife ein und gewann auf dem Sachsenring vor dem Weltmeister Hans Stuck. Das Rennen auf der AVUS am 1. Juli war

Internationales Rennen 1961, Halle-Saale-Schleife: Heinz Melkus vor Siegmar Bunk, auf Melkus-Wartburg.

wichtig, es brachte ihm den internationalen Durchbruch. Zehn Länder hatten sich in die Starterliste eingetragen, und 300 000 Zuschauer waren gekommen. So viele waren es am Sachsenring übrigens auch. 1952 ist es dann passiert … Er startete beim Einweihungsrennen der erneuerten Dessauer Autobahn-Rennstrecke. Während einer Trainingsrunde hatte er Probleme mit der Kurbelwelle, der Motor blockierte, und der BMW Formel 2 schlug in eine unbesetzte Sitztribüne ein. Paul Greifzu war auf der Stelle tot. Mein Vater ist später mal mit mir zu seinem Gedenkstein an der Autobahn gefahren. Er steht nur ein Stück hinter der Anschlussstelle Dessau Süd.«

Albert schlug die Seiten in dem Album um. »Brauchitsch, das ist auch eine interessante Geschichte. 1954 kam er aus dem Westen in die DDR … Als Rennfahrer war er eine Berühmtheit, trat in den dreißiger Jahren gegen solche Größen wie Tazio Nuvolari, Achille Varzi und Rudolf Caracciola an, stand bestimmt 45mal auf dem Siegertreppchen, und selbst wenn er nicht als Erster durchs Ziel fuhr, war er wegen seines rasanten Fahrstils doch der Publikumsliebling.«

»Und warum kam so einer in den Osten?«, warf Kathrin ungläubig ein.

»Och, das haben sie uns in der Schule erzählt. Euch etwa nicht? ›Deutsche an einen Tisch‹ hieß es bis in die fünfziger Jahre hinein, damals, im Osten. Adenauer sah das anders, mit Kommunisten hatte er nichts am Hute. Brauchitsch war der Vorsitzende eines ›Westdeutschen Komitees für Einheit und Freiheit im Deutschen Sport‹ – und irgendwie ging er wohl bei Ulbricht ein und aus. Das mit Ulbricht habe ich allerdings nicht aus der Schule. Jedenfalls hat der bundesdeutsche Staatsschutz das Komitee unter die Lupe genommen und 1953 den Vorsitzenden wegen Hochverrats angeklagt und sogar für acht Monate in Haft genommen. Wie das damals so war, der Osten startete eine Kampagne: ›Freiheit für Manfred von Brauchitsch!‹ Kurz vor der Gerichtsverhandlung flüchtete er in die DDR. Siehst du, ein

paar haben sich eben auch in diese Richtung abgesetzt. Hier war er dann Präsident des Allgemeinen Deutschen Motorsport Verbandes. Er wohnt übrigens in einem Dorf ganz in der Nähe vom Schleizer Dreieck.

Ost-West-Geschichten gibt es eine ganze Menge im Rennsport. Hier, sieh mal«, Albert zeigte auf ein Foto, »das ist Ernst Degner, der war Werksfahrer in den Motorradwerken Zschopau. Die MZ war damals bei Zweitaktern die führende Marke. 1960 wurde Degner bei den Rennen in der 125-cm³-Klasse WM-Dritter. In der Saison 1961 schien der Weltmeistertitel zum Greifen nahe. Nach Siegen auf dem Hockenheimring und dem Sachsenring lag er auch im schwedischen Kristianstad in Führung. In einem der letzten Läufe überdrehte der Motor – kann vorkommen, aber vielleicht geschah es doch absichtlich. Er verließ noch während der Veranstaltung das Fahrerlager und setzte sich in den Westen ab. Das Schlimme daran war, dass er sein Wissen über die Technik der MZ-Zweitakter, also echte Betriebsgeheimnisse, an Suzuki weitergab. Da war die Staatsführung ziemlich sauer, drehte den Geldhahn für den MZ-Motorsport erst mal zu und untersagte die Teilnahme an Rennen in NATO-Staaten. Weil andere Werksfahrer durchhielten und trotzdem noch viele Einzeltitel holten, war Väterchen Staat dann wieder gnädig gestimmt. 1963 bis 1967 gewann das DDR-Team ohne Unterbrechung die Trophy-Wertung der Six Days. 1968 wurden sie von den Italienern geschlagen, 1969 in Garmisch-Partenkirchen waren sie wieder Erster. Eine Werksmannschaft gab es auch bei den Suhler Simson-Werken. Die Rennen ›Rund um Zschopau‹ und ›Rund um Suhl‹ waren Großveranstaltungen und brauchten den internationalen Vergleich nicht zu scheuen. Und im Motocross brachen ebenfalls goldene Zeiten an. Paul Friedrichs, ein mecklenburgischer Landsmann von mir, gewann die 500 ccm Motocross Weltmeisterschaft von 1966 bis 1968 dreimal hintereinander auf Maschinen aus dem tschechischen CZ-Werk in Strakonice. Na, damals war ich noch ein Steppke. Und später hat mich der Rallye-Sport mehr interessiert.«

»Ich weiß«, warf Kathrin ein, »fährst ja auch oft genug hin.«

Albert überhörte den spitzen Ton. Da würde er auch künftig keine Abstriche machen. Wenn in Schwerin die Seen-Rallye, in Berlin die Pneumant-Rallye, in Karl-Marx-Stadt die Wismut-Rallye, in Leipzig die Messe-Ralley oder in Plauen die Spitzenfest-Rallye gefahren wurden, musste er dabei sein. Motorsportclubs aus allen Ecken des Landes nahmen teil, Zwickau und Eisenach waren mit Werksmannschaften dabei, und echte Enthusiasten und Bastler traten an. Sogar Unfall-Karossen bauten sie als ›Rennpappen‹ auf und erhielten mit einigem Glück und vorausgesetzt, die Fahrzeuge erfüllten die technischen Voraussetzungen, eine Rennzulassung vom ADMV und eine Fahrerlizenz. Rallye war Spannung, Abenteuer, Improvisation, das Bunteste, was der Motorsport zu bieten hatte.

Um Kathrin milder zu stimmen, wies er auf ein Bild. »Frauen im Motorsport sind selten, und man macht es ihnen ganz schön schwer. Hast du schon mal was von Helga Steudel gehört?«

Kathrin schüttelte den Kopf.

»1959 fuhr sie ihr erstes Motorradrennen auf dem Bautzener Autobahnring mit einer 350er Jawa, später gewann sie dann auf MZ in der 125-cm³-Klasse beim Geyer-Bergrennen und auf der Dresdner Autobahnspinne und wurde 1965 auf dem Sachsenring Weltmeister. Aber der ADMV gab ihr keine Lizenz, um an DDR-Meisterschaften oder an internationalen Motorradrennen teilnehmen zu können, und sie schmiss das Handtuch. 1969, am Schleizer Dreieck, soll Heinz Melkus sie gefragt haben, ob sie nicht mit seinem neuen RS 1000 Rennen fahren wolle. Hat sie gemacht, ist beim Lückendorfer Bergrennen gestartet und 1979 in die LK I der Rennwagen B8 aufgestiegen. Melkus, das sagt dir was, oder?«

»Na, von Melkus hat ja nun jeder schon gehört. Baut der nicht als Einziger in der DDR Rennwagen?«

»So kann man das nicht sagen. Anfangs gab es die AWE-Werksrennwagen aus Eisenach, auch Kooperationen in der ›Sozialistischen Entwicklungs-Gemeinschaft‹, und Heinz Melkus war auch nicht der einzige findige Tüftler, aber vielleicht der erfolgreichste.« Albert warf einen verträumten Blick auf die Abbildung eines gelben RS 1000. »Den hat Heinz Melkus gebaut, 101 Stück, zwischen 1969 und 1979, aus modifizierten Wartburgteilen, aber mit Kunststoffkarosserie. Die Grundversion hatte 70 PS. Die Flügeltüren öffneten sich nach oben, das Heckteil war komplett hochklappbar. Und er war selber ein begnadeter Fahrer. Sechsmal wurde er DDR-Meister, dreimal holte er den ›Pokal für Frieden und Freundschaft‹, die Formel Easter, das ist quasi die Europameisterschaft des Ostblocks. Sein Sohn Ulli Melkus ist ebenfalls Konstrukteur und Rennfahrer. Als Fünfzehnjähriger fuhr er Motorrad-Geländerennen, mit achtzehn stieg er auf die Formel-Rennwagen um. Er hat dann zusammen mit Hartmut Thassler den MT77 – also M für Melkus, T für Thassler – gebaut. Der räumte einen Preis nach dem anderen ab, jedenfalls bis vor kurzem. Jetzt liegen die Russen mit dem Estonia vorne ... «

Kathrin gähnte hinter vorgehaltener Hand. »Wie wäre es, Liebster, wenn wir uns jetzt mal um den Rennfahrernachwuchs kümmern?«

Unter Lachen legte Albert das Album zu den anderen Geschenken zurück.

Der Teterower Bergring, Europas größte Natur-Grasbahn für Motorradsport.

Warten auf den Bus

Nr. 00018*

Wenn Busfahrer mit dem Bus reisen

O.U., den 28. 11. 1989

Autor: Birgit Meier

Mit dem Robur-Autobus auf Fahrt ins Ferienlager. Die VEB Robur Werke Zittau produzierten Lastkraftwagen bis 3 Tonnen Nutzlast, die unter anderem als Pritschenwagen, Kastenfahrzeug, Krankenwagen oder Reisebus gebaut wurden. Der Schriftzug »Robur«, lateinisch für Kraft oder Stärke, ist einer Kurbelwelle nachempfunden.

1984

✗ *Vertragsabschluss mit VW, welcher die Produktion für zwei VW alpha 4-Takt-Motoren (ein 1.1 Liter aus dem VW POLO und ein 1.3 Liter aus dem VW Golf) erlaubt*

1985

✗ *Der Multicar ist jetzt auch mit Allradantrieb ausrüstbar*

✗ *Eine MZ-Werksmannschaft wird erstmals Enduro-Junioren-Weltmeister*

Ein älterer Herr steigt in Potsdam in den Bus und zeigt dem Fahrer seine Monatskarte.
»Aber, aber«, meint der Fahrer, »das ist doch eine Schülerkarte!«
Der Herr behält die Ruhe.
»Da können Sie mal sehen, wie lange ich an der Haltestelle auf Ihren Bus gewartet habe!«

Die erste Liebe von Erika Mewes, geborene Brummer, Busfahrerin auf der Stadtlinie A der Leipziger Verkehrsbetriebe, war ein H 6 B aus dem VEB Fahrzeugwerk »Ernst Grube«, dem früheren Waggonbauwerk Werdau. Für die Stadtlinienausführung, den H 6 B/S, waren die Modelle mit pneumatisch betriebenen Türen ausgestattet, vorn eine Schiebe-, hinten eine Falttür. 1910 dieser Busse produzierte Werdau, einen davon fuhr Erika. Gern hätte sie auch mal am Steuer der Luxusausführung – als »Konferenzbus« bezeichnet, mit Dachrandverglasung und Bordküche – gesessen, und noch lieber hätte sie einen der insgesamt nur acht Doppelstock-Sattelauflieger aus Werdau gefahren. Aber die wurden ausschließlich nach Berlin geliefert, und das ist lange her. Über dreißig Jahre. 1959 wurde der Omnibusbau in Werdau durch die von Moskau beschlossene RGW-Spezialisierung beendet. Auf der Leipziger Messe 1957 hatte Erika mit dem Robur LO 2500 aus Zittau geliebäugelt, der mit seinem Fünfgang-Synchrongetriebe beste Fahreigenschaften versprach. Auch der S 2 aus der Fritz Fleischer Karosserie- und Fahrzeugfabrik Gera, mit seinen elf Metern Länge, vierzig Sitzplätzen und hohen Seitenscheiben ein idealer Stadtlinienbus, gefiel ihr. Doch schon 1952 hatte die Ikarus-Ära begonnen. Auch die Leipziger Verkehrsbetriebe bezogen von nun an ihre Busse von den Ungarn. Die ersten Importe waren die Regionalbusse Ikarus 30 und Ikarus 311. Bis 1973 wurden rund 8000 Stück in die DDR geliefert. Erikas erster Ikarus war der Stadtlinienbus Ikarus 60 / 601, mitteilsynchronisiertem Getriebe und pneumatischer Allradbremse, aber noch mit mechanischer Lenkung. Obwohl die Ikarus-Busse lange im Einsatz sind, was für die Kollegen Betriebsschlosser viel Arbeit mit sich bringt, konnte Erika 1982 auf den Ikarus 280 umsteigen, einen Gelenk-Linienbus mit Monoblock-Hydrolenkung, stolzen 16,5 Meter Länge, einem 250-Liter-Tank und mit 35 bis 70 Sitzplätzen sowie 60 bis 110 Stehplätzen. Knapp 70 km/h erreicht er, was natürlich im Leipziger Stadtverkehr nicht vorkommt. Den fährt sie seit sieben Jahren, zuverlässig, unfallfrei, und fast immer pünktlich. Auch wenn bekanntlich die erste Liebe die schönste Liebe ist, mit ihrem Ikarus ist sie glücklich liiert.

Die Ikarus-Regional- und -Stadtlinienbusse fahren 1989 in der DDR auf 17 337 Buslinien, was eine Strecke von 617 620 Kilometern ergibt. Davon entfallen 5 627 Kilometer auf

die 625 Stadtlinien. Rechnet man die Reisebusse dazu, sind über 15 000 Ikarus-Busse unterwegs.

Trotz eines Anteils von 49 Prozent Frauen an der werktätigen Bevölkerung ist eine Fahrerin am Steuer eines großen Busses nicht die Regel, die Busfahrerei auch in der DDR noch immer eine Männerdomäne. Bei der Straßenbahn sieht das schon wieder ganz anders aus. Im März, bei der Frauentagsfeier im Betrieb, hat der

Busverkehr in der Berliner Friedrichstraße, um 1965.

Opel-Blitz 3 t Omnibus, in der DDR neu karossiert.

Doppelstockbusse vom Typ DO 56 aus dem Waggonbau Bautzen in Berlin, um 1960.

Jungfernfahrt eines Ikarus 30 in Dresden, 1952.

Vorsitzende der BGL, der Betriebsgewerkschaftsleitung, wieder einmal betont, welchen hervorragenden Beitrag »unsere Frauen« zur Erfüllung der Pläne in allen Bereichen der Leipziger Verkehrsbetriebe leisten. Blümchen, Auszeichnungen als Aktivist und geselliges Beisammensein folgten.

Auch heute geht es um die Würdigung der Leistungen verdienstvoller Werktätiger. Die BGL und die Betriebsparteiorganisation zeichnen zu

Ehren des 40. Jahrestages der DDR 35 Mitarbeiter der LVB mit einer Reise zu den Ikarus-Werken nach Budapest-Mátyásföld und Székesfehérvár aus. Im August, sieben Tage. Die Rede des Parteisekretärs dauert etwas länger, vom »fortschrittlichen Fahrzeugbau unserer ungarischen Freunde« spricht er und von über 30 000 Bussen, die bisher in die DDR exportiert wurden.

Genau kennt Erika die Zahl nicht, aber ob da die acht Reisebusse Ikarus 250 mitgezählt sind, die ab 1984 als Sonderanfertigung dem Zentralkomitee der SED für Jagdausflüge und Transferfahrten zur Verfügung gestellt wurden? Der neueste, anlässlich der 40-Jahr-Feier der DDR für Erich Mielke angefertigt, ist mit sechzehn bequemen Drehsesseln ausgestattet. Das stand nicht in der Zeitung, aber irgendwie spricht sich so was eben doch rum.

Erika gehört zu den Ausgezeichneten. Am 11. August geht die Reise los. 35 verdiente Werktätige besteigen den Ikarus-250-Reisebus – einen zwölf Meter langen und 10,7 Tonnen schweren Luxusbus mit Klimaanlage, Luftfederung, 192 PS und 106 Stundenkilometern Höchstgeschwindigkeit –, der sie zu den Ikarus-Werken bringen wird, inklusive Aufenthalt in Budapest und anschließender Rundreise durch Ungarn. Und 35 Busfahrer beneiden ihren Kollegen Bernd, der diesen Star unter den Ikarussen, der bei Karosseriewettbewerben in Nizza und Monaco Pokale gewann, fahren darf.

So lässt es sich reisen!

In Székesfehérvár, wo die Taktstraßen und die automatisierten Schweißanlagen für die Montage der Karosserien errichtet wurden, empfängt man sie mit freundlicher Routine. Dass »Delegationen aus Freundesland« kommen, ist nichts Ungewöhnliches in solchen Betrieben. Wie ein perfekt geprobtes Programm läuft die Besichtigung ab, bei der die Besucher erfahren, dass Ikarus für Ungarn soviel Tradition hat wie Salami oder Egri-Bikavér und dass die Freunde aus der DDR beim weltgrößten Bushersteller zu Gast sind.

Der obligatorische geschichtliche Rückblick fällt kurz aus, als es um die Gründung 1895 geht, um die Kriegsproduktion zur Horthy-Zeit – Militärtransporter, Pontons und Omnibusse, deren Fahrgestelle und Motoren

Traditionspflege 2010: Der Omnibusverkehr Saale-Orla bietet einen Ikarus 66 für Charterfahrten an.

größtenteils aus dem faschistischen Deutschland kamen –, und um die Bomben der Alliierten, die das Werk der Gebrüder Uhry in Schutt legten. Dann kam die Rote Armee und brachte ein Dutzend Pkw zur Generalüberholung, was gewissermaßen der Start für den Neubeginn war. Einer von Erikas Kollegen wirft ein: »Beinahe wie in den Eisenacher Motorenwerken. Da haben sie Marschall Shukow eine BMW 321 Limousine vorgeführt, und statt die vorgesehene Demontage des Werkes auszulösen, gab Shukow den Auftrag für den Bau von fünf Neuwagen und BMW-Motorrädern als Reparationsleistung.« 1948 erfolgte die Verstaatlichung, der erste größere Auftrag kam von den Budapester Verkehrsbetrieben über 50 TR-4-Busse, die noch nach altem Konstruktionsprinzip auf Leiterrahmen montiert wurden. Mit ersten Neukonstruktionen, die auf Lizenzverträgen mit der österreichischen Firma Steyr über Motoren sowie der Zulieferung der Fahrgestelle von der ungarischen Traditionsfirma Csepel basierten und bei denen Ikarus Aufbauten und Montage übernahm, begann die Erfolgsgeschichte. Ein erster Höhepunkt war die Ikarus-Neuentwicklung vom Typ 66 aus dem Jahr 1952, ein Reisebus mit selbsttragender Karosserie und Heckmotor. Der Motor war eine Eigenentwicklung von Csepel. Als Mitte der sechziger Jahre größere Busse für den Stadtverkehr gebraucht wurden, genügten die Dieselmotoren von Csepel nicht mehr den Anforderungen. Den Motorenbau übernahm nun Rába in Györ. Mit der neuen Baureihe 556 kamen sie zum Einsatz und wurden auch in den ersten, vollständig bei Ikarus hergestellten Bus, den Gelenkbustyp 180, eingebaut, dem die Typen 260 und 280 aus der 200er Reihe folgten.

Vielleicht als nette Geste gegenüber den deutschen Gästen geht der Ikarus-Mitarbeiter, während er sie durch die Montagehallen führt, auf den Regionalbus 211.51 ein, der seit 1975 unter Zulieferung von Fahrgestell und Motor aus den Ludwigsfelder IFA-Werken produziert wird. Mit der aktuellen Bilanz, dass über 200 000 Fahrzeuge der 200er Baureihe nicht nur im Rahmen des RGW-Abkommens in die sozialistischen Staaten, sondern auch in arabische und afrikanische Länder, sogar in die USA exportiert wurden und Ikarus im Jahr bis zu 15 000 Einheiten produziert, endet die Führung. Für die Leipziger Busfahrer sind das keine leeren Zahlen.

Trotzdem sind sie froh, dass ihnen eine Besichtigung der riesigen Werkhallen auf dem Budapester Mátyásföld erspart bleibt; irgendwas hat mit der Organisation nicht geklappt. So können sie die Zeit darauf verwenden, durch Budapest zu bummeln oder in einem der gemütlichen Cafés zu sitzen. In den Läden gibt es so vieles, was ihr Herz begehrt: Kleidung, Schallplatten, Kosmetik aus dem Westen.

Am Abend ihres letzten Tages machen sie Station in Sopron. Am nächsten Tag werden sie an der österreichischen Grenze entlang in Richtung Bratislava fahren und über Prag nach Leipzig zurückkehren.

Schon beim Abendbrot in dem kleinen Hotel vermissen sie nicht nur Bernd, den Fahrer, sondern auch drei weitere Kollegen. Beim Frühstück, unmittelbar vor der geplanten Abfahrt, sind sie noch immer nicht aufgetaucht. Sie warten eine Stunde, eine zweite, machen sich Sorgen. Und dann ruft Bernd an: »Kollegen, tut mir leid, wartet nicht auf uns, wir sind gestern über die Grenze nach Österreich.«

Erika steuert den Reisebus zurück nach Leipzig und hat viel weniger Freude an der Fahrerei, als sie sich bei der Hinreise vorstellte.

Jetzt fährt sie wieder auf der A-Linie, zuverlässig, unfallfrei; nur pünktlich gelingt neuerdings nicht mehr, denn immer montags, wenn der Verkehr auf dem Leipziger Ring lahmgelegt ist, kann der A-Bus seinen Fahrplan nicht einhalten.

Umweltfreundlich:
Oberleitungsbusse aus Vorkriegszeiten gab es in Gera, Zwickau, Eberswalde und Leipzig. Bis 1951 wurden O-Buslinien in Greiz, Dresden, Weimar, Erfurt, Potsdam, Magdeburg und Berlin eingerichtet. Infolge der Orientierung auf Kraftomnibusse und Straßenbahnen schlossen zwischen 1969 und 1977 acht der elf Linien, allerdings plante man aufgrund energiepolitischer Überlegungen in den achtziger Jahren neue Linien. Realisiert wurde lediglich der O-Bus in Hoyerswerda, die Linie im Oktober 1989 eröffnet. Die Bauarbeiten an der Suhler Linie sowie die Planungen für weitere Städte wurden 1990 eingestellt. Der landeseigene Bau von O-Bussen im VEB Lokomotiv- und Waggonbau Werdau und VEB Lokomotiv- und Waggonbau Ammendorf (Typ LOWA W 600 und W 602) fand durch RGW-Beschluss bereits 1957 ein Ende. Mit Importen von Skoda aus der CSSR und ab 1985 von Ikarus aus Ungarn wurden die bestehenden Fuhrparks erneuert. Heute ist Eberswalde die einzige Stadt in den neuen Bundesländern mit einem O-Busbetrieb.

Autobau in Zwickau

Produktionsband in der Werkhalle des VEB Sachsenring. Am 30. April 1991 endete nach 33 Jahren die Produktion des Trabant.

Pressemeldung 1958: »Der VEB Automobilwerk AWZ Zwickau lenkt die Aufmerksamkeit der Fachwelt mit der Neukonstruktion des Kleinstwagens Trabant auf sich. In bahnbrechender Pionierarbeit schufen Forscher, Ingenieure und Facharbeiter den neuen mit Stahlblechgerippe und Duroplaststoffverkleidung versehenen Personenkraftwagen. Hervorragende Eigenschaften wie niedriges spezifisches Gewicht, gute akustische Dämpfung und Isolierfähigkeit, absolute Korrosionsbeständigkeit und hohe Elastizität lassen den Duroplaststoff zum Karosseriebaustoff der Zukunft werden. Dieser technische Fortschritt im Automobilbau der DDR weckt das Interesse der gesamten Fachwelt. Die jetzt anlaufende Nullserie ist eine Viersitzer-Limousine mit einem Zweitakt-, luftgekühlten Otto-Motor mit 18 PS bei 3.750 U/Min., Viergangschaltung, Einscheiben-Trockenkupplung und selbsttragender Karosserie. Der Kraftstoffverbrauch beträgt bei 100 km 6 Liter mit legierten Hyzet-Zweitakt-Motoröl.«

Als er um die Ecke in die Angerstraße bog, beschleunigte er nochmals seine Schritte. Aber es nützte ihm wenig. Er konnte das akademische Viertel nicht mehr einhalten, verspätete sich gnadenlos. Also musste er die erste Runde übernehmen. Denn die Sitten waren streng beim Zwickauer Konstrukteursstammtisch, zu dem sich die alten Kollegen seit Jahren einmal im Monat trafen.

Hans Rüttel öffnete schwungsvoll die Tür und betrat den Gastraum des »Bürgerbräustübels«. Wohlige Wärme schlug ihm entgegen. Trotz des dicken Tabakqualms erkannte er sofort seine alten Kumpels und Kollegen, haute zweien, dreien vertrauensvoll auf die Schultern und klopfte auf die Tischplatte. Noch während er sich setzte, bimmelte er mit der kleinen Glocke, die am Stammtisch-Schild befestigt war, und orderte die Getränke.

»Finde ich prima«, beschied ihm Klaus-Dieter Witziger, den alle nur KD nannten, »dass du freiwillig deinen Obolus entrichtest.«

»Ehrensache«, gab Rüttel zurück, »so selbstverständlich wie die Solimarken beim FDGB-Beitrag.« Er schaute sich in der Runde um und stellte fest, dass das Kollektiv nicht vollzählig war. Lang und Bonitz fehlten, die langjährigen Chefs von der Konstruktionsabteilung beziehungsweise vom CAD-Karosseriebau-Prototypsystem im VEB Sachsenring.

»Der Doktor und der Professor haben sich entschuldigt«, klärte ihn Otto Helbig auf, seines Zeichens einer der

Wagen der Nullserie verlassen das Zwickauer Werk, Aufnahme vom Januar 1958.

größten Experten in Sachen Automobilgeschichte. »Die beiden sind als Wanderprediger wieder mal auf Vortragsreise. Aber schau mal zwei Tische weiter, wer da fröhlich zecht!«

Hans Rüttel drehte sich um und traute seinen Augen nicht. An dem großen runden Nachbartisch labten sich mehrere Herren am Wernesgrüner Bier. Alle ungefähr im gleichen Alter wie die eigene Truppe am Stammtisch, graues schütteres Haar, kleines Bäuchlein. Doch er erkannte sie auf Anhieb: Jürgen Croy, der Weltklassetorhüter, Alois Glaubitz, die Verteidigerlegende, Ludwig Blank, Schykowski, Bräutigam, Lippmann und Pilz. Bis vor ein paar Jahren hatte es keinen Sonnabend gegeben, an dem er nicht im Georgi-Dimitroff-Stadion gewesen war, um ja kein Oberligapunktspiel zu verpassen.

»Schön, die eigene Werksmannschaft mal wieder in Aktion zu sehen«, meinte Rüttel und hob das Bierglas. »Auch wenn die wenigsten von ihnen unseren kleinen Trabi, sondern Wartburg oder Lada fuhren – Prost!«

»Die Jungs von Motor waren schon klasse«, bestätigte Karl Graf, den die Kollegen wegen seines Faibles für Zweitakter nur »Motor-Graf« titulierten.

»Aber als sie 1950 DDR-Fußballmeister wurden, hießen sie noch ZSG Horch Zwickau«, warf Jürgen Hennig ein, der schon bei seinen Basteleien am Vergaser in der Versuchswerkstatt so krümelkackerisch veranlagt gewesen war. »Absolute Spitze, wie unser Horch damals ...«

»... den sie dann schnell in Sachsenring P 240 umgetauft hatten«, verbesserte ihn Helbig, der auf das Stichwort nur gewartet hatte. »Eigentlich die schönste Versuchung, seit es Autos gibt. Nur Fliegen ist schöner. Ein Sechszylinder-Luxusliner, 80 PS, 140 Sachen Spitze, Ganzstahlkarosserie mit Heckflossen, Einzelradaufhängung ...«

»... sowie Längsfederstäbe und Öldruck-Stoßdämpfer«, ergänzte hurtig Rüttel, der als Federungsspezialist sein Licht nicht untern Scheffel stellen wollte.

Die Herren waren längst wieder in ihrem Element und schwelgten in Erinnerungen.

»Vor allem konnte man sich da noch bei der Innenausstattung austoben«, fuhr KD Witziger fort. »Zwei durchgehende Sitzbänke für sechs Personen, die vordere als Schlafgelegenheit zum Umkippen, getrennte Heizluftzufuhr für Fahrer und Beifahrer, hinten herausklappbare Armlehne, Schreibbord ... Nur ein

Stammtischgespräche

1986

- **8. April: Der 150 000. Barkas B-1000 wird produziert.**
- **15. August: Der 2,5-millionste Trabant geht vom Band**
- **Der Bau einer Auto- und Motorradstrecke wird in den Fünfjahrplan der DDR aufgenommen**
- **Simson Suhl produziert den SR50 als Nachfolger der Schwalbe KR51/2**
- **Premiere des DEFA-Spielfilms »Fahrschule«**

Warum wurde der Trabant erfunden?
Das lag an der Planwirtschaft: Man hatte zu viele Nummernschilder produziert und brauchte eine Aufhängevorrichtung.

Trabi-Lackpalette
(Werksbezeichnungen)

aeroblau
alaskagrau
azurblau
baligelb
bananengelb
biberbraun
blaugrau
brillantkoralle
cliffgrün
cognac
creme
damastgrün
delphingrau
gletscherblau
granadarot
heliotop
hellrot
krapprot
kristallblau
lichtblau
lichtelfenbein
lidoblau
lindgrün
marmorweiß
meergrün
neptunblau
nilgrün
olivgrün-matt
papyrusweiß
pastellblau
pastellgrau
persischorange
polarweiß
rohrgelb
rosenbeige
silbergrau
silbergrau-hell
sonnenbeige
taigagrün
taubenblau
torgaweiß
tundrabeige
venetiarot

Waschbecken im Wagen vermisste Ministerpräsident Otto Grotewohl seinerzeit.«

»Aber sonst waren unsere Spitzenfunktionäre von dem Auto sehr angetan«, wusste Motor-Graf zu berichten. »Walter Ulbricht hatte ja die Entwicklung des Schlittens selbst angeregt und ließ im Januar 1954 den Ministerrat beschließen, ein ›Automobil in bester Horch-Tradition‹ zu bauen. Bis zum 1. Juli sollten zwei Versuchsfahrzeuge fertig sein, doch die Experten vom ZK zogen diesen Termin um zwei Tage vor, um ihren Chef zum Geburtstag damit zu beglücken. Dummerweise verunglückte die erste Karre bei Einfahrversuchen. Wir haben Tag und Nacht geackert, um den zweiten Wagen fertigzustellen und den Spitzbart zu befriedigen.«

»Und wurden sie nicht mehr los, die Geister, die wir riefen«, mischte sich Gernot Schmidt in die Unterhaltung, den alle wegen seines seltenen Namens seit seinem Studium an der Ingenieurschule in Mittweida Getriebe-Schmidt riefen. »Jeden Sonderwunsch haben wir denen erfüllt. Allein zehn Wagen für die Stasi mit undurchsichtigen Gardinen an den Rückfenstern und eingebauter Ukw-Funk-Sprechanlage. Oder zwei Parade-Cabrios für die NVA und Verteidigungsminister Willi Stoph. Die da oben in Berlin dachten, wir produzieren den Sachsenring am Fließband. Für 1956 hatten sie 6000 dieser Autos geplant, ein Jahr später sollten wir sogar 9000 herstellen. Diese Träumer im Kreml – wie ein kleiner Negerjunge, der von einer Schneeballschlacht fantasiert. In den fünf, sechs Jahren rollten insgesamt noch nicht einmal 1400 Exemplare durch unser Werktor, alles im wesentlichen Handarbeit, dafür aber solide und unverwüstlich …«

»… und mit 27 000 Mark sauteuer«, fiel ihm Otto in Wort, »nur etwas für die gehobeneren Ansprüche der Bonzen oder für die Verdienten Künstler des Volkes …«

»… wie die von dir vergötterte Bärbel Wachholz, wo du so eifersüchtig warst, als sie Armin Kämpf, diesen Schlagerheini, geheiratet hatte«, verteidigte sich Getriebe-Schmidt.

Bevor der interne Streit weiter auflodern konnte, summte Rüttel eine alte Schlagermelodie, und Hennig sang leise mit: »Da-aaa-mals, damals war alles so schön, doch wir waren viel zu juuung …« Die Fußball-Oldstars vom Nachbartisch fühlten sich gleich angesprochen. Der alte Glaubitz hob sein Bierglas – die Ingenieure prosteten ihm zu. »Auf eure unvergesslichen Pokalsiege!«

Doch bevor die Schwärmerei über die beiden grandiosen 3:0-Siege gegen Chemie Zeitz und Hansa Rostock in die Tiefe des Raumes gehen konnte, griff Witziger das alte Gesprächsthema wieder auf. »Ich verstehe nicht, warum ihr euch heute noch darüber in den Haaren liegt. Damals, in den Fünfzigern, habt ihr doch auch Einsicht in die Notwendigkeit gezeigt, nicht nur als Horch und Audi vereinigt wurden. 2500 Arbeitsstunden für einen P 240 Sachsenring gegen 180 Arbeitstunden für einen P 50 Trabant, mal ganz abgesehen von Stahlblech gegen Kunststoff – keine Frage, dass da die Wahl auf die Pappe fiel.«

Nun fühlte sich Kuku, Kurt Kurze, der Karosserie-Experte und bislang stillste in der Runde, in seiner Ehre gekränkt. »Was heißt hier Pappe!« Er schlug mit der Faust auf den Tisch, dass die Biergläser wackelten. »Wir haben nie mit Papier oder Pappe experimentiert. Sicher, anfangs gab es ein paar Versuche mit Lumpen, also mit Textilabfällen unter Beimischung von Kunstharz aus der heimischen Rohbraunkohleveredlung. Aber das hat sich nicht bewährt, weil jeder Textilstoff andere Eigenschaften entwickelt. Somit mussten wir bei den Freunden weiter auf Suche gehen …«

»… wie die Partei vorschrieb«, redete Helbig dazwischen und ließ sich auch nicht beirren, als die anderen am Stammtisch die Augen verdrehten,

P 70-Endmontage im VEB Sachsenring Zwickau.

»mit dem Beschluss des Ministerrats vom Januar 1954. Danach durften wir, um dem Mangel an Autos aus volkseigener Produktion abzuhelfen, eins mit folgenden Eckdaten entwickeln: Kleinwagen mit zwei Haupt- und zwei Nebensitzen; Gewicht maximal 600 Kilo, Benzinverbrauch 5,5 Liter auf 100 Kilometer, Jahresproduktion 12 000 Stück, Preis 4000 Mark, keine Blechkarosserie, Entwicklungszeit 18 Monate ...«

»Und genau deshalb kamen wir auf die kurzfaserige Baumwolle aus der Sowjetunion, die wir einfach mit Kunstharz vermischten«, fuhr Kuku wieder fort. »Begonnen haben wir in einer ehemaligen Textilfabrik neben dem alten Audi-Werk. Zuerst stellten wir ein Baumwoll-Vlies her, das in mehreren Lagen übereinander gelegt und mit Phenolharz-Granulat versetzt wurde. Danach wurden die herzustellenden Teile ausgeschnitten und mit Trennpapier in eine Presse gelegt. Diese Pressen wurden mit 240 Grad heißem Dampf beheizt, dabei wurde das Harz flüssig und durchtränkte die Matte. Das abschließende Abkühlen ließ das Harz hart werden und fixierte die Form. Also von wegen Trabantkarosserien aus Pappe – das Trägermaterial ist Baumwolle, mittels Harz zu Duroplast veredelt. Das Zeug hat hervorragende Eigenschaften: billig und leicht und korrodiert nicht. Es ist strapazierfähig, geräuschdämmend, elastisch und bewährt sich sowohl in Hitze als auch in Kälte. Das haben wir bei Probefahrten in Ägypten, China, am Mittelmeer und am nördlichen Polarkreis gründlich getestet.«

»Ja, ja, wir waren einfach genial«, seufzte Getriebe-Schmidt, »mit Parteiauftrag an die Weltspitze. Dem Ingeniör ist nichts zu schwör.«

Der P 70 aus Zwickau, der erste »Pressstoffwagen« und Vorläufer des Trabant, wurde im Frühjahr 1956 ausgeliefert. Die Holzkarosserie war mit Duroplastteilen beplankt. Bis 1959 wurden 36 151 Fahrzeuge in den Bauformen Limousine, Coupé und Kombi produziert.

Warum gibt es keinen schwarzlackierten Trabant? Um jede Verwechslung mit einem Brikett zu vermeiden.

Was wollten die Konstrukteure des Trabis mit ihrer Schöpfung beweisen? Humor.

1987

- **Neuerung beim Trabant: Verwendung asbestfreien Belags für die Kupplung**
- **Die Motorsportverbände der sozialistischen Länder einigen sich bei Rennwagen auf eine Hubraumerhöhung von 1300 auf 1600 ccm**

Ein Scheich hat gehört, dass in der DDR ein Auto gebaut würde, das so fantastisch sein soll, dass man zehn Jahre auf die Lieferung warten muss. So ein Auto will der Scheich haben und lässt sofort einen Brief aufsetzen. Als der Brief in Zwickau ankommt, fühlt man sich geschmeichelt. Der nächste Trabi, der vom Fließband kommt, wird sofort in das Emirat geschickt. Eine Woche später kommt das Dankschreiben des Scheichs: »Liebe Genossen, ich freue mich über unsere zukünftigen Handelsbeziehungen und danke Ihnen, dass Sie mir umgehend das schöne Modell aus Pappe geschickt haben …«

»Weiß Gott – Vorsprung durch Technik«, bestätigte Motor-Graf, »als wir zum Versuch auf das Holzgerippe der F 8-Karosserie die ersten Plasteteile schraubten, spielten die Jungs in Wolfsburg und Stuttgart noch mit Förmchen im Sandkasten. Und die lebten immer noch hinterm Mond, nachdem wir 1955 mit dem P 70 das weltweit erste Serienfahrzeug mit Kunststoffkarosserie gebaut hatten. Also ein richtiges Auto, schon eine Luxus-Limousine im Vergleich zu solchen Spielerein wie die Goggo- und Fuldamobils, Isettas und Messerschmitt-Kabinenroller im Westen.«

»Ein dreifaches Hoch auf unseren guten alten Trabant« schlug Witziger vor und erhob das neugefüllte Bierglas.

Doch Helbig winkte mit dem pädagogischen Zeigefinger. »Bleib doch bitte historisch exakt«, dozierte er, »kein Mensch nannte das Auto damals schon so. Der Name ›Trabant‹ kam erst viel später …«

»… und du warst der Erfinder«, witzelte Witziger.

»Unsinn«, entgegnete Helbig. »Als wir am 7. November 1957 – exakt zum 40. Jahrestag der Großen Sozialistischen Oktoberrevolution – mit dem P 70-Nachfolger in die Vorserienproduktion gingen, hieß die Karre ganz einfach P 50. Das ›P‹ stand nicht für Plaste, sondern für Personenkraftwagen, und die ›50‹ für 500 Kubikzentimeter Hubraum. Für die Außenbeplankung wurden zwar Duroplastteile verwendet, doch er besaß nun eine selbsttragende Rohkarosserie aus Stahlblech. Aber weil das Kind trotzdem einen schönen Namen haben sollte, hatten Betriebs-, Partei- und Gewerkschaftsleitung ein Preisausschreiben initiiert. Da seit dem 4. Oktober 1957 erstmals ein Sputnik um die Erde kreiste, lag es nahe, diese epochenmachende Leistung der Sowjetunion zu würdigen. Sputnik heißt Gefährte, Begleiter, und ein treuer Kamerad sollte auch unser neues Auto sein – wie dieser niedliche Erdtrabant. Also entschied sich die Mehrheit der Belegschaft für den Namen ›Trabant‹.«

»Danke für den Aufklärungsunterricht«, sagte Kurt Kurze schnippisch. »Aber im Unterschied zu den Sowjets, die nach den Sputniks neue Raumschiffe wie Wostok, Woschod oder Sojus entwickelten, lief vom Sachsenring-Fließband jahrzehntelang unverändert der Zweitakter-Trabi.«

Kuko hätte sich die Worte lieber verkneifen sollen. Denn sofort fegte ein Sturm der Entrüstung über den blankpolierten Stammtisch. »Alzheimer«, »Nestbeschmutzer«, »Arbeiterverräter« und »Wendehals« waren noch die harmloseren Verbalinjurien, mit denen der Herr Ingenieur von seinen Altkollegen bedacht wurde. Vor allem Motor-Graf konnte sich gar nicht wieder beruhigen.

»Der luftgekühlte 500-Kubik-Motor war eine echte Innovation. Und der P 60 hatte dann schon 600 Kubik, außerdem vollsynchronisiertes Viergang-Getriebe, Lichthupe und …«

»… machte weiterhin töff-töff«, lästerte Kurt Kurze, der sich noch nicht geschlagen geben wollte.

»Und den P 100, den wir schon 1960/61 als Prototyp entwickelt hatten, den hast du wohl erfolgreich verdrängt?« konterte Karl Graf, noch immer sichtlich erbost. »Ganzstahlkarosse, Dreizylinder-Zweitaktmotor mit 47 PS, Scheibenbremsen vorn, moderne Trapezform. Mit diesem Mittelklassewagen lagen wir auch im Weltmaßstab auf der Höhe der Zeit. Ähnlich die Kollegen aus Eisenach, die fast zur gleichen Zeit das Konzept des Mittelmotors gewählt hatten …«

»… aber genauso wie wir von den Alleskönnern und Besserwissern im SED-Politbüro gestoppt wurden«, entgegnete Kuku widerborstig.

»Klar, die wenigsten Beulen am Helm eines Genossen stammen vom Klassenfeind«, mischte sich nun Getriebe-Schmidt wieder ein. »Trotzdem machten wir weiter, ließen uns den Ehrgeiz als Automobilbauer nicht so leicht nehmen. Motto: Wir tun was! Wir gehörten sogar zu den ersten in der Welt, die beim Modell P 603 mit dem Wankel-Motor experimentierten. Schon lange, bevor wir im Februar 1965 von NSU aus Neckarsulm offi-

Die »Rennpappe« – aus der Not geboren: »Die Lage wurde immer schlechter, weil wir Anfang der fünfziger Jahre kaum mehr an die für den Karosseriebau nötigen Tiefziehbleche kamen. Ich musste mit Materialien arbeiten, die in der DDR zur Verfügung standen oder an die wir rankamen. Und in der Summe war das nicht allzu viel. Bei unserem Rohstoff- und Devisenvermögen und bei den Lieferzeiten, die ein Trabant eben so hatte, mussten die Autos dreimal so lange halten wie im Westen.«
Wolfgang Barthel, Ingenieur in den Zwickauer Automobilwerken, Duroplast-Erfinder

Womit misst man die Beschleunigung eines Trabants? Mit einem Kalender.

Wie viele Personen braucht man, um einen Trabi herzustellen? Zwei. Der eine falzt, der andere klebt.

»Die Kraft der zwei Kerzen«

Fertigungszeiträume und Typenbezeichnungen
1955 bis 1959:
»Typ Zwickau« (P 70)
1958 bis 1959:
»Trabant P 50« (P 50)
1959 bis 1962:
»Trabant 500« (P 50/1)
1962:
»Trabant 500« (P 50/2)
1962 bis 1965:
»Trabant 600« (P 60)
1964 bis 1990:
»Trabant 601« (P 601)
1989 bis 1991:
»Trabant 1.1« (P 1.1)
1995 wurden durch die Sachsenring Automobiltechnik GmbH aus einem Reimport 444 Stück Kombiwagen restauriert und als »Trabant 1.1 The last Edition« verkauft.

ziell die Lizenz bekamen, hatten wir daran gefeilt. Die Jungs rissen sich wirklich den Arsch auf, kriegten aber beim besten Willen die Rattermarken nicht weg. Der Drehkolben schabte in die Zylinderfläche Unebenheiten, die Dichtung hielt nicht dicht, die Verbrennung hechelte. Ausgerechnet da, wo uns Ulbricht grünes Licht gegeben hatte, machten wir schlapp. Ein schwacher Trost, dass es den Westdeutschen, Amis oder Franzosen ebenso ging. Nur die Japaner bei Mazda werkelten bienenfleißig weiter an dem Kreiskolbenmotor.«

Helbig, das wandelnde Lexikon, nahm den zugespielten Ball an: »An der Spitze stehen ist noch zu weit hinten, sagten wir uns damals und hatten den Rest der Welt gnadenlos abgehängt. Wenn so ein Prototyp-UFO mit 180 Sachen zwischen Zwickau und Dresden über die Autobahn düste, kamen selbst Porschepiloten ins Grübeln. Mit dem P 603 hatten wir international einen technologischen Vorsprung von zwei, drei Jahren. Unsere Vollheck-Karosserie mit Fließheck in der zweiten Hälfte der sechziger Jahre war die Krone der Schöpfung. Peter Hartz, Ferdinand Piëch, Bernd Pischetsrieder und Jose Ignacio Lopez de Arriortua oder wie die Vorstandsherren in Wolfsburg heißen, rannten damals noch mit einer Kindertrommel um den Weihnachtsbaum und ergötzten sich an ihrem Vorkriegs-Käfer. Erst 1974 verhalf ihnen Star-Stylist Giorgio Giugiaro zum VW-Golf mit Fließheck. Und bei American Motors dauerte es sogar noch ein paar Monate länger, bis sie den vom Autodesigner Aldo Gucci entworfenen Hornet mit Hatchback vorstellen konnten.«

»Weiß Gott, damals spielten wir in der ersten Liga«, dröhnte KD Witziger, »ach was, wir hätten Europa- und Weltpokal verdient! Fast so, wie die DDR-Mannschaft 74 in Hamburg zur WM die Bundis weggeputzt hatte …«

Wie auf Kommando drehten sich die Köpfe am Nachbartisch um, die Altstars von der Betriebssportgemeinschaft hoben freundlich ihre Biergläser.

»Ein Hoch auf Sachsenring Zwickau!«

Nun war Witziger nicht mehr zu halten. »Wisst ihr noch«, hob er an, »1975, Pokalendspiel gegen Dynamo Dresden im Berliner Stadion der Weltjugend. 1:1 nach regulärer Spielzeit, ein Hin und Her beim Elfmeterschießen, schließlich packt sich Croy das Leder und knallt es Boden eiskalt in den Kasten. Und dann wiederholt der Junge sein Husarenstück gegen Florenz im Halbfinale des Europacups. Der war in der Form seines Lebens.

Trabant Limousine und Trabant P 50 Kombi, 1959.

Bei Mönchengladbach oder Bayern München hätten sie Croy seinerzeit mit Kusshand genommen.«

»Wie wahrscheinlich auch die Leute aus unserer Konstruktionsabteilung im Westen bei BMW, VW oder Audi Karriere gemacht hätten, wenn sie gewollt oder gedurft hätten«, warf Hans Rüttel lakonisch ein, um seine Kollegen vom glatten Fußballrasen

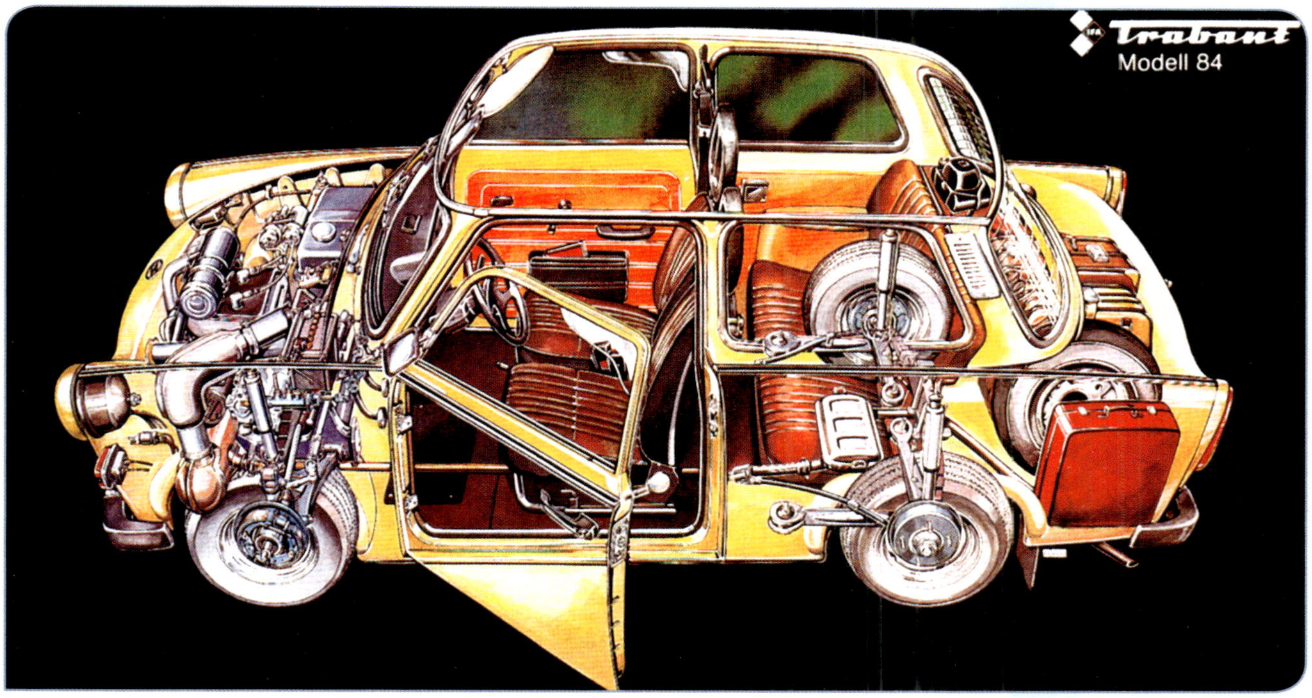

Die Duroplast-Teile des Trabant.

wieder auf die holprige Autostraße zu führen.

»Hätte der Hund nicht geschissen ...«, grätschte nun Gernot Schmidt in die Debatte, »hätte Politbüro-Zampano Günter Mittag das Schicksal des P 603 nicht mit einem Federstrich besiegelt und gesagt, der Trabant reicht aus für die Versorgung unserer Werktätigen. Aber wir hätten uns nach der geplatzten Aktion auch nicht an das Hängebauchschwein gewagt, den P 760, von dem wir alle dachten, das sei der große Wurf.« – »Mensch, hör auf, vom Hängebauchschwein zu reden«, ereiferte sich sofort Faktenhuber Helbig. »Für den betriebsinternen Spitznamen könnte man dir heute glatt noch ein Parteiverfahren anhängen. Aber das RGW-Auto war eine feine Sache, weil in der CSSR wie bei uns Geld und Mittel knapp waren und sie ihren Skoda technisch ausgereizt hatten. Da schien uns

Ein Esel und ein Trabant treffen sich. »Guten Tag, Auto«, sagt der Esel. »Guten Tag, Pferd«, sagt der Trabant. »Nanu!«, staunt der Esel, »warum sagst du Pferd zu mir?« – »Du sagst ja auch Auto zu mir.«

Was ist der Unterschied zwischen einem Trabi und einem Düsenjäger?
Den Düsenjäger sieht man, bevor man ihn hört. Den Trabi hört man zuerst.

der Staatsvertrag mit denen, als ob 1. Mai und 7. Oktober auf einen Tag fallen. Eine Kombi-Limousine, mit Scheibenbremsen, Einzelradaufhängung und Skoda-Motor mit 50 PS und 1100 Kubik, geplante Stückzahl im Jahr 360 000, Produktionsbeginn 1973. Dazu noch eine moderne windschnittige Karosserie, die in beiden Ländern unterschiedlich gestaltet werden sollte. Das war doch was! Schon Anfang 1970 kutschierten vier Prototypen durch die Taiga. In Zwickau, aber auch in thüringischen Eisenach und Mlada Boleslaw haben sie geackert wie die Wühlmäuse.«

»Aber nur in Berlin am Marx-Engels-Platz besaß einer die große Übersicht«, konstatierte Kuko trocken. »Das muss man sich vorstellen: Da steht ein Bierfass zum Anstich, und dann meint Big Boss Honecker – natürlich auf Geheiß seines Einflüsterers Mittag – zu seinem Ministerpräsidenten, dessen Vorlage wäre noch nicht entscheidungsreif. Herbert Ullmann, unser Betriebsdirektor, wollte diesen Koitus Interruptus unter Fremdeinwirkung nicht hinnehmen und sprang an die Decke. Aber genützt hat es nichts. Die haben faktisch das Regierungsabkommen mit der CSSR gekündigt und das Projekt auf den Sankt-Nimmerleins-Tag verschoben.«

»Damit der Frust von damals nicht wieder hochkommt, hilft nur ein Blauer Würger«, besänftigte Karl Graf seine alten Kollegen und bestellte beim Wirt des »Bürgerbräustübels« gleich eine ganze Runde vom Wodka aus Berlin-Kaulsdorf. »Auf den

Trabant 601, Trabant 601 S Universal, Trabant 601 de luxe.

Woran erkennt man den Sport-Trabi?
An den Turnschuhen auf der Heckablage.

Stammtischgespräche

verblichenen P 603!«, betonte Motor-Graf und erhob das Glas.

Es blieb nicht bei dem einen. Denn auch auf den P 610 – immerhin mit Viertaktmotor – oder den P 601 WE 2 musste angestoßen werden. Alles vergebliche Versuche, einen Trabi-Nachfolger auf die Straße zu stellen.

Als die kollektive Trauer das Jammertal erreicht hatte, war es Hans Rüttel, der seine Freunde wieder aufmuntern wollte. »Hört auf zu weinen, wir können doch auch wunderbare Erfolge vorweisen. Oder war der Trabant 601 nicht weltweit das erste und einzige Großserienfahrzeug seiner Art? Und da ich als Federungsspezialist etwas davon verstehe – haben wir nicht 1988 statt der Querblattfedern hinten Schraubenfedern eingebaut?«

»Jawoll, hick, das haben wir«, bestätigte KD Witziger, »die Modellpflege stand für uns immer auf der Tagesordnung …«

Sofort wollte jeder in der Runde seinen Senf dazu geben. Die Rede war von Schalldämmmatten im Fahrgast- und Kofferraum, von Abgaskrümmerheizung und Gummistoßhörnern an der Stoßstange. Einer schwärmte vom neuen Tachometer mit Tageskilometerzählwerk, ein anderer ergötzte sich an der hinteren schraubengefederten Abschleppöse, ein Dritter lobte den Entfall der Reserveradhülle, der Vierte würdigte die Kupplungsscheibe mit asbestfreiem Belag. Die Lobpreisungen dauerten drei Runden Bier und Klaren.

Längst waren die einstigen Fußballstars an den Stammtisch der Autokonstrukteure gerückt, um Freud und Leid und Bier zu teilen. Irgendwann verdrehte Getriebe-Schmidt die Augen, legte seinen Kopf auf die Tischplatte und stöhnte: »Und trotzdem spielen wir heute nur in der zweiten oder dritten Liga!«

Alois Glaubitz, der beinharte Mann mit den meisten Oberligaeinsätzen, tätschelte Schmidt zärtlich. »Schau mal«, erklärte er vorsichtig, »der FSV Zwickau, eure alte Betriebsmannschaft, stellt sich auch neuen sportlichen Herausforderungen, und die heißen nun Oberliga-Süd. Das nennt man Aufschwung Ost. Erinnerungen versperren nur die historische Perspektive.«

Gezeichnete Trabantgeschichte von Hans Löffelholz in der Zeitschrift »Der deutsche Straßenverkehr«.

Dein Freund und Helfer

Nr.00020*

Der Volkspolizist, der es gut mit uns meint

O.U., den 28.11.89

Autor: Thomas Heubner T.H.

Ein Volkspolizist am Funktelefon eines Streifenwagens der Marke Wolga. Auch Moskwitsch, Wartburg und Lada wurden als Polizeifahrzeuge eingesetzt.

1988

- 31. August: Beginn der Serienfertigung von VW-Viertaktmotoren im Barkas-Motorenwerk Karl-Marx-Stadt, die anfangs in Trabant- und Wartburgmodelle eingebaut und später nach Wolfsburg geliefert werden für Golf- und Polomodelle
- Abkommen zwischen DDR und BRD über Pannenhilfe für westdeutsche Fahrzeuge auf den Transitrouten; es erlaubt der ADAC-Straßenwacht, in der DDR liegengebliebene Fahrzeuge direkt am Ort der Panne zu reparieren. Der ADAC stellt im Gegenzug dem Verkehrskombinat Potsdam zunächst 15 neue VW Passat zur Verfügung
- In der DDR gibt es im Herbst 7,5 Millionen zugelassene Kraftfahrzeuge, davon 3,7 Millionen Personenkraftwagen; etwa 95 % dieser Pkw befinden sich in Privatbesitz
- Der Wartburg 1.3 mit Viertakt-Motor-Lizenz des VW-Golf 1300 wird vorgestellt; er ist als Limousine und als tourist (Kombi) verfügbar

Abitur ist nicht unbedingt erforderlich. Aber schaden tut es auch nicht, will man mit dem Reifezeugnis in der Tasche seinen Dienst bei der Deutschen Volkspolizei antreten. Für die höheren Offiziersdienstgrade wird es gern gesehen, vor allem, wenn man Karriere im MdI, im Ministerium des Innern, machen will.

Aber das war nie mein Ding. Wachtmeister, bleib bei deinem Leuchtstab und nähre dich redlich, sage ich mir immer. Denn eine ausgesprochene Leuchte war ich in der Schule nicht. Und die Berufsausbildung beim VEB Schwermaschinenbaukombinat TAKRAF zum Facharbeiter als Fräser begeisterte mich auch wenig. Wo ich mich doch viel lieber an der frischen Luft bewege. Also habe ich mich bei der Einberufung gleich als Längerdienender für die Polizei gemeldet. Bereitschaftspolizei, Polizeischule usw.

Einsatzwagen Lada 1500 VAZ 2103 und Motorrad MZ ETZ 250 der Verkehrspolizei bei einer Verkehrskontrolle.

Der Volkspolizist, der es gut mit uns meint

Ich bin also von der Pike auf dabei, nunmehr weit über dreißig Jahre.

Irgendwann musste ich mich entscheiden, welchen Dienstweg ich einschlage. Volkspolizeihelfer war mir zuwenig. ABV, Abschnittsbevollmächtigter, war mir zu langweilig, so tagtäglich mit einer Umhängetasche im Wohngebiet umherschleichen, die Hausbücher kontrollieren und Falschparker aufschreiben. Schutz- oder Transportpolizei interessierten mich weniger, dafür die Kripo umso mehr. Hätte ich mir gut vorstellen können: Kommissar Detlef Pfotenhauer, so wie Jürgen Frohriep beim »Polizeiruf 110« oder vorher Bruno Carstens bei den »Blaulicht«-Fernsehkrimis. Aber die wollten mich nicht. Also ging ich zur Verkehrspolizei.

Meine VP-Inspektion befindet sich im schönen Leipzig-Connewitz, die meiste Zeit stehe ich am Wilhelm-Leuschner-Platz als Verkehrsregler. Und das bei Wind und Wetter. Aber das macht nichts, weil wir ja entsprechend ausgerüstet und bekleidet sind, seit Ende 1952 in der ganzen DDR einheitlich in der eleganten grünen Uniform. Doch wenn man als Weiße Maus die entsprechende Schirmmütze, den Blinkgürtel und die Ärmelschoner anhat,

Ende der achtziger Jahre gab es rund 177 000 »Freiwillige Helfer der Volkspolizei«, ehrenamtlich tätige Bürger, die an der »Gewährleistung der öffentlichen Ordnung und Sicherheit zum Schutz der Arbeiter-und-Bauern-Macht« mitwirkten. »In Wahrnehmung ihrer Befugnisse schreiten sie gegen Ordnungswidrigkeiten und andere Rechtsverletzungen ein, treffen Sofortmaßnahmen bei Unglücksfällen und in anderen Situationen, bei denen das Leben und die Gesundheit von Menschen bedroht sind. Sie nehmen Hinweise und Mitteilungen zur Weiterleitung an die Volkspolizei entgegen.« Der im »Blauen Merkbüchlein« festgehaltene Maßnahmenkatalog reichte von »Ascheablagerungskontrolle« über »Tierquälereiunterbindung« bis zur »Überwachung der Wiedereingliederungmaßnahmen Strafentlassener in das gesellschaftliche Leben«.

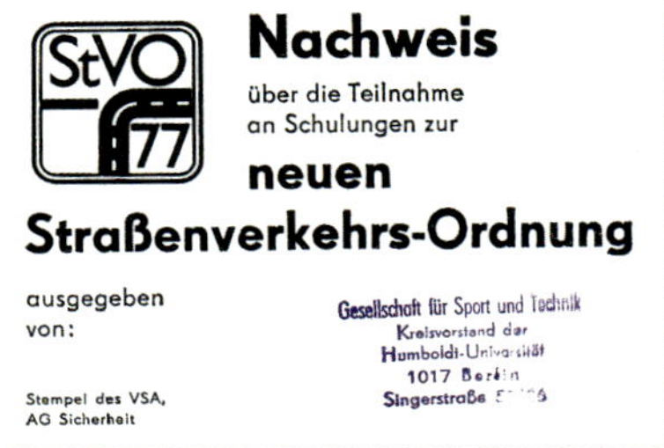

StVO 77

Nachweis

über die Teilnahme an Schulungen zur

neuen Straßenverkehrs-Ordnung

ausgegeben von:

Gesellschaft für Sport und Technik
Kreisvorstand der
Humboldt-Universität
1017 Berlin
Singerstraße

Stempel des VSA, AG Sicherheit

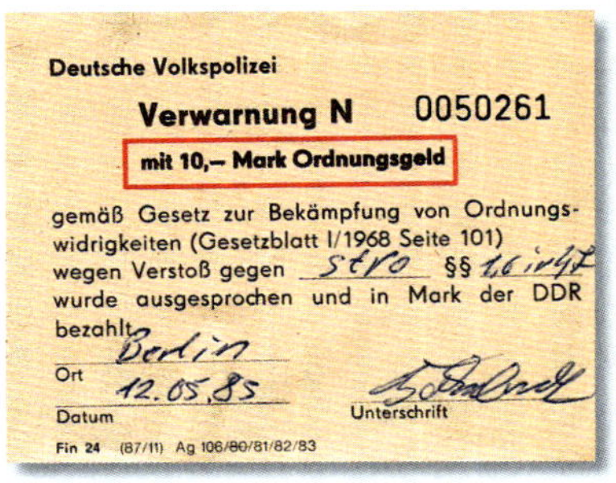

Deutsche Volkspolizei

Verwarnung N 0050261

mit 10,– Mark Ordnungsgeld

gemäß Gesetz zur Bekämpfung von Ordnungswidrigkeiten (Gesetzblatt I/1968 Seite 101) wegen Verstoß gegen StVO §§ [illegible] wurde ausgesprochen und in Mark der DDR bezahlt

Berlin
Ort

12.05.85
Datum

Unterschrift

Fin 24 (87/11) Ag 106/80/81/82/83

Zwei Volkspolizisten halten an der Grenze einen englischen Autofahrer an. Sagt der eine Polizist zum anderen: »Paul schreib auf, der Mann hat sein Lenkrad auf der falschen Seite.« Darauf der Engländer: »What do you want from me?« Der Polizist zum anderen: »Paul schreib auf, der Mann redet wirres Zeug.« Der Polizist geht um das Auto des Engländers herum und sieht den Aufkleber mit »GB«. Daraufhin der Polizist aufgeregt zum anderen: »Paul, streich alles, der Mann ist von der Griminal Bolizei.«

sieht das viel fescher aus. Gern getragen habe ich bis Anfang der sechziger Jahren auch den schwarzen Tschako, weil man damit schon von weitem den Bürgern Respekt einflößen konnte.

Zum Glück müssen wir Polizisten uns keinen Kopf machen, was man anziehen soll, denn das regelt die Anzugsordnung. Im Frühjahr beispielsweise lange grüne Hose, grüne Jacke, weiße Mütze, Hemd, Binder und weißes Koppelzeug. Ab 1. Mai: lange Hose, weiße Jacke mit einknöpfbarem grauen Kragen beziehungsweise Hemd und Binder, weiße Mütze, Halbschuhe. Und im Winter logischerweise Winteranzug komplett beziehungsweise nur Jacke und Stiefelhose, Fellkragen, Winterfellmütze, weißes Koppelzeug, Lederstiefel.

Am Anfang dachte ich, es sei kinderleicht, sich mitten auf eine Straßenkreuzung zu postieren, in einer Hand den Verkehrsreglerstab, und dann ein bisschen mit den Armen herumfuchteln. Aber Pustekuchen! Wir mussten alles ganz genau bimsen, praktisch und leider auch theoretisch. Als erstes die StVO, die Straßenverkehrsordnung, die haben wir von vorn nach hinten und von hinten nach vorn auswendig gelernt. Dann die Autobahnordnung, die StVZO – die Straßenverkehrs-Zulassungs-Ordnung – oder die Verordnung über die Kraftfahr-Haftpflicht-Versicherung, das VP-Gesetz und dann noch die aktuellen Durchführungsbestimmungen. Das ist eine Menge!

Am einfachsten fielen mir die Paragrafen der StVO mit viel Marxismus-Leninismus drin. Etwa gleich der Beginn, wo es heißt: »Bei der weiteren Gestaltung der entwickelten sozialistischen Gesellschaft und den damit zu schaffenden grundlegenden Voraussetzungen für den allmählichen Übergang zum Kommunismus in der Deutschen Demokratischen Republik ist das Wohl, die Sicherheit und Geborgenheit der Bürger vornehmstes Anliegen. Das erfordert auch eine hohe Ordnung, Sicherheit und Flüssigkeit im Straßenverkehr.« Oder Paragraf 1, Absatz 1: »Verantwortungsbewusstsein und Disziplin sowie Aufmerksamkeit, Vorsicht und gegenseitige Rücksichtnahme sind Grundforderungen für das Verhalten im Straßenverkehr. Jeder Teilnehmer am Straßenverkehr hat sich so zu verhalten, dass Personen oder Sachwerte nicht gefährdet oder geschädigt und Personen nicht mehr als unvermeidbar behindert oder belästigt werden.« Diese Klausel kann man kraft seines Amtes eigentlich immer anwenden, nicht nur gegen Verkehrsrowdies.

Viel komplizierter dagegen Paragraf 13, die Vorfahrtregelungen. Wenn Ampeln mit rot, gelb und grün

angeschaltet sind, geht es noch. Auch wenn es Hauptstraßen-, Stopp- oder Vorfahrtschilder gibt. Aber bei gleichrangigen Straßen? Das begreifen manche nie. Ich habe es mir auch nur mit Hilfe einer Eselsbrücke gemerkt. Es ist wie beim Politischen in der DDR – nur umgekehrt: Nicht wer von links, sondern wer von rechts kommt, hat Vorfahrt, unabhängig davon, ob die Fahrtrichtung beibehalten wird oder nicht. Begriffsstutzig sind viele auch

Der Volks-
polizist, der
es gut mit
uns meint

Schulze rast im Wartburg durch Zittau. Ein Polizist hält ihn an: »Haben Sie das Schild mit der Geschwindigkeitsbegrenzung denn nicht gesehen?« Verwundert schüttelt der Fahrer den Kopf: »Was denn? Lesen? Bei dem Tempo?«

Uniformen der Verkehrspolizei.

Polizist spielen: 2010 in Berlin, ein DDR-Polizeifahrzeug als Mietauto.

bei der Dreiseitensperrung, also wenn ich beispielsweise auf dem Leuschner-Platz stehe und den Verkehr mittels Handzeichen und dem schwarz-weißen Signalstab lenke. In diesem Fall nehme ich dann Grundstellung ein und halte den rechten Arm nach vorn.

Der Abschnittsbevollmächtigte – ABV oder auch Abevauer genannt – »ist für die öffentliche Ordnung und Sicherheit in einem bestimmten Abschnitt von Städten und Gemeinden zuständig, versieht Streifendienst und ist polizeilicher Ansprechpartner für die Bewohner«. Die Funktion wurde 1952 eingeführt.

Das bedeutet zusätzliches Halt für alle rechts vom Verkehrsposten ankommenden Fahrzeuge. Die Rechtsabbieger aus den normal gesperrten Verkehrsrichtungen dürfen dabei zwar nach rechts einbiegen, nicht aber die Rechtsabbieger aus der zusätzlich gesperrten Verkehrsrichtung. Alles klar? Mir jedenfalls macht das große Freude. Mit der Trillerpfeife im Mund und dem Taktstock in der Hand dirigiere ich dann ein ganzes Großstadtorchester.

Leipzig ist nämlich Weltstadt. Hier kurven ja Fahrzeuge aus der ganzen Republik herum. Die erkenne ich daran, dass sie nicht wie die aus dem Bezirk Leipzig ein S oder U am Anfang des polizeilichen Kennzeichens haben, sondern vielleicht ein C für Neubrandenburg, N für Gera oder Z für Cottbus. Übrigens, für mich fahren die mit einem D oder P am schlimmsten. Die Potsdamer denken, sie kennen sich aus im Großstadtverkehr, gurken aber herum wie in ihrer Provinz. Das hat mir auch ein Berliner Kollege bestätigt. Wenn die in der Hauptstadt einen einheimischen Verkehrssünder auf

frischer Tat ertappen, drohen sie ihm, dass er als Strafe wählen kann zwischen drei Stempeln, also Vermerken auf dem Berechtigungsschein, oder er muss sein Berliner gegen ein Potsdamer Kennzeichen eintauschen.

Etwas Zurückhaltung muss sich unsereiner auferlegen, wenn die mit dem I kommen, die Berliner. Vor allem mit IA auf dem Schild, was nichts mit Eseln zu tun hat, sondern eigentlich römisch Eins A bedeutet und der Nomenklatura aus dem ZK und den Ministerien vorbehalten ist. Dann stehe ich schon freiwillig stramm. Dass da auch mal mein Bruder drinsitzen könnte – schließlich steht ihm auch so ein Dienstwagen zur Verfügung – spielt keine Rolle. Dienst ist Dienst. Freundlichkeit ist befohlen, wenn Autos mit roten Kennzeichen auftauchen – Diplomatenfahrzeuge. Eingeweihte können sie durch den Nummerncode auseinanderhalten. Beispielsweise ist die 01 selbstverständlich der große Bruder aus der Sowjetunion, 03 sind die Ungarn, 14 Jugoslawien oder 26 Kongo. Die Karren mit CD für Corps Diplomatique sind für uns tabu, denen dürfen wir noch nicht mal einen Strafzettel für falsches Parken verpassen. Weitergehende Befugnisse haben wir aber gegenüber Autos mit CY für nichtdiplomatisches Personal oder bei Kennzeichen mit QX, wo Leute aus den Wirtschaftsvertretungen des RGW drinsitzen.

Während der Frühjahrs- und Herbstmesse kommen dann die Ausländer aus der BRD dazu, die in ihren dicken Westautos durch Leipzig kutschieren. Diese Herren aus Hamburg oder München geben sich weltmännisch, haben aber offenbar in Leipzig zum ersten Mal in ihrem Leben eine Straßenbahn gesehen. Zumindest haben sie keine Ahnung, wie sie sich angesichts von Straßenbahnen in Mittellage ohne Haltestelleninseln verhalten sollen. Dabei gibt es auch hierfür in unserer StVO klare Hinweise: das Vorschriftszeichen 244 »Haltestelle von Schienenfahrzeugen«. Und der Paragraf 19 erklärt eindeutig: »Vor Haltestellen von Schienenfahrzeugen haben Fahrzeugführer ihre Fahrgeschwindigkeit rechtzeitig und allmählich zu vermindern, wenn ein Schienenfahrzeug in die Haltestelle einfährt. Es ist am Ende des Schienenfahrzeugs anzuhalten, sofern beim Weiterfahren Fußgänger auf der Fahrbahn behindert oder gefährdet werden können.« Da die Ausländer aus der BRD ebenfalls die Gesetzlichkeit einhalten müssen, kassieren wir schon mal gerne ab, wenn sie dagegen verstoßen, und können unsere Staatskasse mit Devisen auffüllen.

Solche Freude wird nur noch übertroffen, wenn wir mit dem Streifenwagen zur Verkehrsüberwachung und -kontrolle rausfahren. »Serjoscha, sattle die Hühner, wir reiten in den Kolchos!« ruft dann unser Dienststellenleiter gern. Die Frage ist für uns lediglich, welchen Funkstreifenwagen wir nehmen dürfen. Der Barkas B 1000 scheidet aus, weil er der Verkehrsunfallbereitschaft vorbehalten ist. Der Wolga M 24, der hauptsächlich in den Bezirksstädten verwendet wird, ist trotz seiner 95 PS für den Einsatz auf der Autobahn zu langsam. Den neuen Lada 2105 wiederum beansprucht der Chef für wichtige Dienstfahrten oft selbst. Für unsere Zwecke scheiden auch andere VP-Fahrzeuge aus. Etwa der »Robur LO 2002 A« und der »Ural 475« als Mannschaftstransportwagen, der »Garant 30k SK-1«, ein gepanzertes Sonderkraftfahrzeug, oder der »UAZ 469-B«, der ein Führungsfahrzeug der motorisierten Einheiten der Bereitschaftspolizei ist. Wichtig ist, dass alle unsere Fahrzeuge aus DDR-Produktion oder der der sozialistischen Bruderländer stammen, wir somit vom Westen autark sind. Außerdem haben alle Fahrzeuge das gleiche Make-up von olivgrün und weiß, wie unser Wartburg 353 S, mit dem wir meist rausfahren.

Ist aber eigentlich egal, denn in jedem Wagen müssen wir laut Dienstvor-

Der Volkspolizist, der es gut mit uns meint

1989

- ***Februar 1989: Die Serienfertigung des 1.3 Tourist N/S beginnt***
- ***18. November: Heinrich Scholz wird neuer Minister für Verkehrswesen***
- ***Präsentation des Trabant 1.1, Preis: 18 900 Mark***
- ***Der Prototyp des Barkas B 1000-1 wird vorgestellt***

Zwei Volkspolizisten stehen auf der Straße und weinen. Ein mitfühlender Passant fragt, was denn los sei. »Uns ist der Streifenhund davongelaufen!« »Ach«, tröstet der Bürger, »ist doch nicht so schlimm. Der findet schon zurück zum Revier.« »Ja, der!«

Dienstgrade der Volkspolizei
(Schutzpolizei, Verkehrspolizei, Wasserschutzpolizei, Kriminalpolizei und Transportpolizei)

Anwärter der VP
Unterwachtmeister der VP
Wachtmeister der VP
Oberwachtmeister der VP
Hauptwachtmeister der VP
Meister der VP
Obermeister der VP
Leutnant der VP
Oberleutnant der VP
Hauptmann der VP
Major der VP
Oberstleutnant der VP
Oberst der VP
Generalmajor der VP
Generalleutnant der VP
Generaloberst der VP

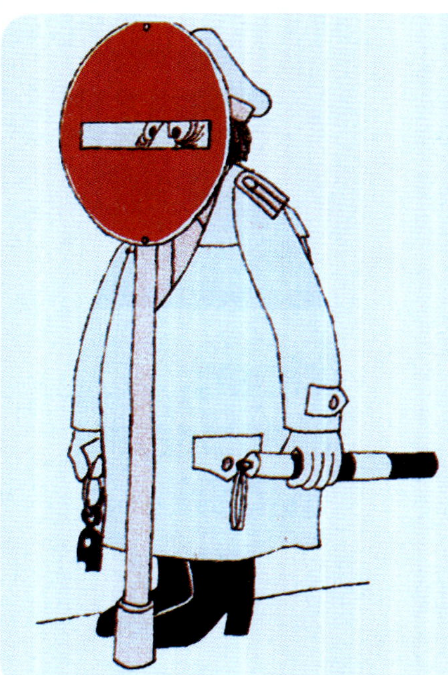

schrift die gleiche Grundausstattung mitführen. Unter anderem eine gelbe Rundumleuchte mit Stativ und Batterie, eine Blitzleuchte mit Stativ, zwei Warnlampen, eine rote Anhaltelampe, zwei Verkehrsreglerstäbe, zwei Blinkleuchtgürtel, zwei Verkehrsreglermäntel, einen Kanister mit 20 Litern Benzin, einen Unfallaufnahmekoffer, fünf Absperrkegel, einen Fotoapparat und zwei Signaltaschenlampen. Das ist aber keine Hürde, weil in den großen Wartburg-Kofferraum alles lässig reinpasst.

Schwieriger ist es, wenn ich als Funkkradfahrer solo unterwegs bin. Wenn ich dann auf der MZ TS 250 F sitze, gehören allein zur Kradkombination die Stiefel, graues Uniformhemd, grüner Binder, weißes Koppelzeug, weiße Ärmelstulpen, Motorradhandschuhe mit weißen Stulpen, die Gestellmütze mit weißem Bezug, der Funkkradfahrerhelm mit Sprechgarnitur und die Kartentasche. Darin verstaut sind Vordrucke für Unfallanzeige, Knöllchen, Vorladung zum Verkehrsunterricht, Anzeigenformulare für Ordnungswidrigkeiten sowie Verwarngeldquittungen. Außerdem habe ich die Metalltrillerpfeife am grünen Band, den Reglerstab, den Ordnungsstempel, das Tagebuch, ein VP-Gesetz und für den Fall der Fälle einen Teleskopschlagstock, eine Führungskette und nicht zuletzt meine Dienstpistole Makarow, 9 Millimeter, mit 16 Schuss, am Mann zu tragen.

Derart beladen geht's dann auf Abenteuertour, wo wir zum Beispiel mit Radar Geschwindigkeitskontrollen durchführen und die Raser aus dem Verkehr ziehen. An das erste Gerät vom Typ »Tempotest« kann ich mich noch gut erinnern, weil wir zu seinem Transport fast einen Möbelwagen brauchten. Später benutzten wir meist das handlichere SRD 77, von UNITRA/ZURAD aus Polen. Aber die DDR ist natürlich auch selbst in der Lage, Geschwindigkeitsmessgeräte herzustellen. So gibt es einen Apparat, der in umfangreicher Forschungsarbeit am Institut für Hochfrequenztechnik und Elektronenröhren der Technischen Hochschule Dresden entwickelt wurde. Bei dem Ding sind Sende-Empfangs-Gerät und Anzeigegerät räumlich voneinander getrennt, aber durch ein Kabel miteinander verbunden. Die Anzeige erfolgt direkt in km/h und umfasst einen Bereich von 20 bis 120 km/h. Die zulässige Höchstgeschwindigkeit kann zwischen 30 und 100 km/h beliebig eingestellt werden. Überschreitet ein Fahrzeug diese eingestellte Höchstgeschwindigkeit, so wird eine Anzeige ausgelöst und das Gerät für jede weitere Messung blockiert. Der Messwert bleibt solange gespeichert, bis er von Hand wieder gelöscht wird. Die Messzeit beträgt 0,16 Sekunden, der erforderliche Mindestabstand von zwei Fahrzeugen, die getrennt erfasst werden sollen, 0,3 Sekunden. Und natürlich legen wir großen Wert auf Genauigkeit. Die ist bei dem Messgerät sogar besser, als sie für Kraftfahrzeugtachometer nach Paragraf 67 der StVZO gefordert wird. Die Toleranz liegt im Bereich von 20 bis 50 km/h bei plus 1,5 km/h und über 50 km/h bei plus/minus 3 Prozent. Das Gerät ist nicht nur technisch anspruchsvoll, sondern auch erzieherisch wirksam. Der von uns der Geschwindigkeitsübertretung überführte Kraftfahrer kann nämlich auf der Anzeige sein real gefahrenes Tempo ablesen.

Es geht bei uns also stets demokratisch-gesetzlich zu, wir verfügen über Beweise. Wenn wir einen Raser gestoppt haben, kann er uns keine Willkür vorwerfen. Aber das getrauen sich die wenigsten. Artig, ja, zum Teil begeistert zeigen die Verkehrssünder viel Feingefühl, wenn wir bei Zuwiderhandlungen gegen die Bestimmungen der StVO Maßnahmen anwenden. Dabei haben wir viel Spielraum. Angefangen bei Geldstrafen, deren Höhe wir oft selbst schöpferisch festlegen, bis hin zur Vorladung für die obligatorische Teilnahme an einer Verkehrsteilnehmerschulung, meist an einem schönen Sonntagvormittag.

Beliebt sind auch die Eintragungen, kurz Stempel genannt, im Berechtigungsschein, der stets mit Fahrzeugpapieren und Fahrerlaubnis mitzuführen ist. Je nach Schwere des Vergehens im Straßenverkehr dürfen wir abstempeln. Wenn jemand schon ein, zwei Dinger in seinen Fleppen stehen hat, zeigt uns das nur, dass er ein notorischer Täter ist, und dann sitzt unser Stempel gleich viel lockerer. Nach fünf Stempeln ist erst einmal für eine Weile Schluss, dann wird die Fahrerlaubnis für drei Monate eingezogen. Dazu brauchen wir weder eine großartige Kartei noch neumodische Computer. Und da wir die Menschenrechte respektieren, gibt es bei uns auch keine zentrale Erfassungsstelle, in der kleine Ordnungswidrigkeiten gesammelt werden.

In der DDR jedenfalls strengen sich die meisten Kraftfahrer an, nach Ablauf der Schamfrist ihre Stempel bei uns löschen zu lassen, damit sie wieder ein jungfräuliches Blatt besitzen. Ich habe leider Gerüchte vernommen, dass einige Bürger solche leeren Berechtigungsscheine stapelweise zu Hause hätten. Woher sie diese Dinger haben, ist mir rätselhaft, denn die gibt es eigentlich nur bei den VP-Kreisämtern oder -Inspektionen. Und wir Volkspolizisten sind nicht bestechlich. Auch nicht für Westgeld, wie wir das auf unseren Autobahneinsätzen ständig unter Beweis stellen.

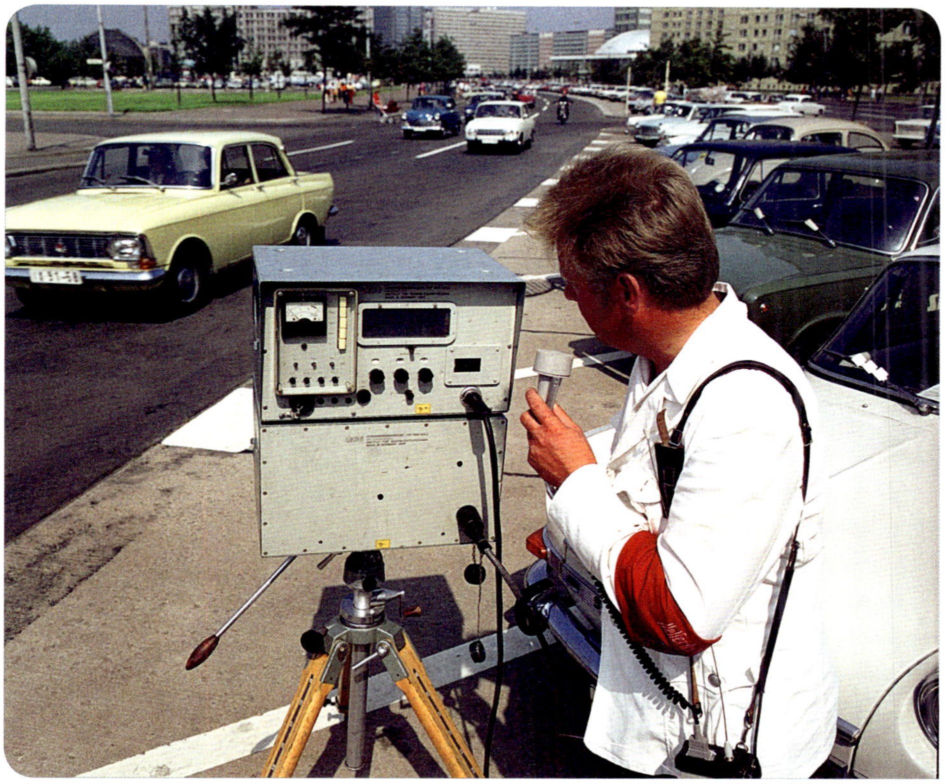

Geschwindigkeitskontrolle durch die Verkehrspolizei-Bereitschaft.

Entsprechend unseres festen Klassenstandpunktes richten wir dort aus Gründen der Effektivität meist feste Verkehrskontrollpunkte ein. Beispielsweise von Berlin Richtung Leipzig, kurz hinter der Autobahnraststätte Niemegk oder am Hermsdorfer Kreuz. Die meisten DDR-Kraftfahrer kennen den Busch, hinter dem wir uns mit dem Radargerät verschanzt haben, und drosseln rechtzeitig ihre Geschwindigkeit. Anders die Bundesbürger und Westberliner, die im Auto diese Transitstrecke benutzen. Sie gehen der bürgerlichen Propa-

Der Volkspolizist, der es gut mit uns meint

Ein Polizist hält einen Trabantfahrer an und stutzt: »Bürger, Sie haben ja gar keinen Tachometer? Wie wollen Sie denn da die Geschwindigkeitsbegrenzungen einhalten?« Der Fahrer kontert: »Genosse Volkspolizist, das geht auch ohne Tacho. Wenn ich 20 fahre, vibriert die Windschutzscheibe, bei 30 wackeln die Sitze, bei 50 scheppern die Türen und bei 80 Sachen klappern meine Zähne.«

Stoppt ein Polizist einen Autofahrer, der in Schwerin der Einbahnstraße in die verkehrte Richtung fährt. »Wissen Sie eigentlich, wohin Sie fahren?« »Nein«, bekennt der Autofahrer, »ganz genau weiß ich das nicht. Aber ich scheine ziemlich spät dran zu sein – die anderen kommen ja alle schon wieder zurück.«

*Ein Volkspolizist winkt ein Auto an den Straßenrand. Er grüßt höflich und fragt: »Guten Tag, haben Sie Restalkohol?«
Der Fahrer kopfschüttelnd: »Na, na! Müsst ihr denn immer betteln?«*

ganda mit dem verlogenen Slogan »Freie Fahrt für freie Bürger!« auf den Leim, nicht wissend, dass sich in diesem Moment zum doppelt freien Lohnarbeiter noch der Sklave der Automobil- und Mineralölkonzerne gesellt. Jedenfalls halten sie sich nicht an die in der DDR gesetzlich vorgeschriebene Höchstgeschwindigkeit von 100 Stundenkilometern auf Autobahnen – und tappen in unsere Radarfalle. Selbstverständlich muss dann so ein undisziplinierter Transitreisender seine Strafe in DM entrichten. Gegen ordentliche Quittung, versteht sich. Doch vermutlich können diese Leute das dann zu Hause wieder von der Steuer absetzen, denn die meisten Bundesbürger streiten mit uns nicht und bleiben ekelhaft freundlich. Wie etwa jener Herr aus Köln in seinem Ford Focus, den wir mit 123 Sachen stoppen mussten. Nachdem ich seine Papiere gründlich studiert und ihn über die Dimension seines Verkehrsvergehens aufgeklärt hatte, sagte ich ihm deutlich und laut: »Herr Soundso, ich verwarne Ihnen!« Und da antwortet der Mann unterwürfig: »Herr Wachtmeister, ich danke Sie!«

Solche Einsicht und Höflichkeit wünschte ich mir manchmal von DDR-Bürgern. Beispielsweise als ich Außendienst in Delitzsch hatte und einen Verkehrsteilnehmer stoppte, der beim Rechtsabbiegen die Fußgängerampel übersehen hatte und bei Rot durchgefahren war. Als er ausgestiegen war, fragte ich ihn belehrend – wie üblich bei Verkehrssündern: »Was haben wir denn falsch gemacht?« Da antwortete mir doch der Kerl frech: »Den Fehler, den ich begangen habe, weiß ich. Aber Ihr Vergehen würde mich auch sehr interessieren.« Oder vor kurzem bei einer Verkehrssicherheitskontrolle, die wir am Stadtrand von Leipzig durchführten: Der Trabant, den wir stoppten, hatte zwar keine Geschwindigkeitsübertretung begangen, doch er war verkehrssicherheitstechnisch ein Desaster. Vorn hing das Nummernschild mit Berliner Kennzeichen schräg nach unten, es war auf beiden Seiten nur mit einem Draht befestigt. Ich kontrollierte zuerst die Papiere und musste mit Erstaunen feststellen, dass es sich bei der Fahrzeugführerin um eine berühmte Sängerin und Schauspielerin handelt. Doch ich durfte mich von dieser Persönlichkeit nicht beeindrucken lassen. Vielmehr musste ich sogar vorbildliches Verhalten im Straßenverkehr von ihr erwarten. Doch leider, das Gegenteil war der Fall. Ich ging um das Auto herum, und mit jedem Schritt steigerte sich

mein Entsetzen. Hinten links fehlte der Schmutzfänger, war wahrscheinlich vom verrosteten Radkasten gefallen. Ein Blinklicht funktionierte nicht, eine Bremsleuchte war zerdeppert. Das Schlimmste aber – die Räder! Von Reifenprofil konnte keine Rede mehr sein, die blanke Leinwand schimmerte bereits durch den Gummi.

Ich baute mich schneidig vor der jungen Frau auf und sprach streng zu ihr: »Sind Sie sich die Verantwortung Ihres Fahrzeugs in Ordnung?« Kokett warf sie ihr langes blondes Haar zurück, schaute mich mitleidheischend an, flüsterte: »Geliebte Weiße Maus, lassen Sie bitte ausnahmsweise Gnade vor Recht ergehen«, und schenkte mir eine Autogrammkarte. Also steckte ich den Mängelbescheid zur Stilllegung des Wagens wieder ein, drohte scherzhaft mit dem pädagogischen Zeigefinger und legte zum Abschied die flache Hand an den Mützenrand. Wir Verkehrspolizisten sind schließlich keine Untiere, sondern Freund und Helfer des Menschen.

Das Interessante an meinem Beruf als Verkehrspolizist ist überhaupt, dass er weit übers Kontrollieren und Bestrafen hinausgeht. Mehr und mehr finde ich Gefallen daran, dass ich als erfahrener Genosse nicht nur als Verkehrsregler und -überwacher eingesetzt werde, sondern dass man mich zunehmend als Verkehrserzieher braucht. Aufklärung ist ja im Sozialismus wichtig, nicht nur für den Verkehr. Denn die Diktatur des Proletariats ist vor allem eine Erziehungsdiktatur: Unsere Menschen sollen befähigt werden, die Gesellschaft bewusst mitzugestalten. So habe ich es jedenfalls auf der VP-Fachschule in Ballenstedt im ML-Unterricht – oder war's Polizei-Taktik? – gelernt.

Deshalb beginnen wir mit der Verkehrserziehung schon bei den Kleinen im Kindergarten. Das haben die Erzieherinnen dort im Stundenplan eingeordnet, wo es neben Spazierengehen, Spielen im Freien eben auch Beschäftigung gibt, also wo die Kinder singen, basteln, musizieren, Märchen hören und ähnliches. Es funktioniert jedenfalls prima, wenn ich den Kindern auf ihren Dreirädern und Rollern zeige, wie man sich richtig auf der Straße verhält. Dass man beispielsweise vorm Überqueren der Fahrbahn stehenbleibt, zuerst nach links und dann nach rechts gucken muss. Oder bei einer Verkehrsampel: Bei Rot bleibe stehn, bei Grün darfst du gehn! Die Muttis und Vatis der Kinder sind von meinen Auftritten stets hellauf begeistert, und auch ich freue mich, wenn sie mir zum Abschied das Lied singen vom Volkpolizisten, »der es gut mit uns meint«. Das war, als meine Tochter Annemarie noch in den Kindergarten »Mauz und Hoppel« ging, auch ihr Lieblingslied. Sie war immer stolz auf mich, den Volkspolizisten, so wie ich es heute auf sie bin – schließlich hat sie ein Einser-Abitur hingelegt und auf Lehrer studiert.

Einen Schritt weiter gehen wir dann in der Schule in der Unter- und Mittelstufe. Wie es einen Schulgarten gibt, existieren in vielen Städten Verkehrsgärten für Kinder. Da sind richtige kleine Straßen mit Verkehrsschildern eingerichtet, und wir können fast echte Verkehrssituationen üben. Die eifrigsten von den Schülern bilden wir dann zu Schülerlotsen aus, von denen nicht wenige, später dann, wenn sie 18 sind, freiwillige Helfer der Volkspolizei werden – so mit Armbinde, Ausweis und Befugnissen. Höhepunkte sind immer der 1. Juni und der 1. Juli, der Internationale Kindertag und der Tag der Volkspolizei. Da unsere VP-Inspektion selbstverständlich auch eine Paten-Schulklasse hat, lassen wir uns in dieser Zeit immer etwas einfallen. Wir fahren dann mit dem Streifenwagen auf den Schulhof, die Kinder dürfen im Auto rumklettern, das Blaulicht und das Signalhorn anstellen oder unsere Mützen und Helme aufsetzen.

Der Volkspolizist, der es gut mit uns meint

Bei einer Verkehrskontrolle sagt der Volkspolizist zu einer Trabantfahrerin: »Ihr Profil ist aber ganz schön runter.« Darauf die Frau: »Sie sind aber auch keine Schönheit!«

1990

✗ 8. Juni: VEB Kombinat Minol wird zu einer Aktiengesellschaft unter dem Namen Minol Mineralölhandel AG, die im Januar 1993 zusammen mit der Raffinerie Leunawerke an den französischen Mineralölkonzern Elf Aquitaine verkauft wird

✗ 25. Juli: In Zwickau läuft der letzte Trabant P 601 vom Band. Am gleichen Tag wird der erste mit einem in Lizenz des Volkswagen-Konzerns gefertigten Viertakt-Ottomotor produziert. Zum 1. Januar 2010 sind noch rund 35 000 Fahrzeuge beim deutschen Kraftfahrt-Bundesamt registriert

Eine Straßenbahn fährt bei Gelb über die Kreuzung, ein Verkehrspolizist stoppt sie. Der Fahrer raunzt den Polizisten an: »Ich muss mich an den Fahrplan halten, habe es eilig. Sie können mich hier nicht einfach anhalten!« Sagt der Polizist. »Sein Se ruhig und fahrn Se rechts ran!«

Natürlich gebe ich mir immer große Mühe, alles spielerisch und kindgerecht zu erklären. Aber da stehen wir als MdI oder Verkehrspolizei nicht allein auf weiter Flur, sondern Schule, Pionierorganisation und Massenmedien ziehen an einem Strang. Der niedliche »Bummi«-Teddy erklärt das schon den ganz Kleinen, und in der »Frösi« oder »Trommel« sehen die Größeren, was Benno Leichtfuß falsch, aber Verkehrsengel Lotsi und Andi Achtsam im Straßenverkehr richtig machen. Und die Pionierorganisation »Ernst Thälmann« zeichnet die Kinder für vorbildliches Verhalten im Straßenverkehr mit dem Abzeichen »Goldene Eins« aus. Auch im Kinderfernsehen widmet man dieser Aufgabe große Aufmerksamkeit, von Pittiplatsch, Schnatterinchen über Flax und Krümel bis zum Sandmännchen.

Die erwachsenen Verkehrsteilnehmer werden vom Fernsehen ebenfalls bedacht. Für sie gibt es seit 1966 »Das Verkehrsmagazin«, eine Ratgebersendung, in der hauptsächlich Themen zur Verkehrssicherheit und zum ordentlichen Verhalten im Straßenverkehr behandelt werden. Außerdem läuft mehrmals in der Woche zwischen den Sendungen der fünfminütige »Verkehrskompass«, der unter dem Motto »Wissen – Können – Handeln« gleichfalls Beiträge zur Verkehrssicherheit zeigt. Toll finde ich dabei, wie geschulte Kaskadeure, im Westen heißen sie Stuntmen, riskante Gefahren- und Unfallsituationen realistisch darstellen.

Da ich kein Artist bin, lasse ich solche Sachen lieber sein, wenn ich in Betrieben und Einrichtungen Verkehrsteilnehmerschulungen durchführe. Die Bürger nehmen daran lebhaft teil, zum einen aus eigenem Interesse als Kraftfahrer, zum anderen, weil die Arbeitskollektive solche Veranstaltungen im Wettbewerb um den Titel »Kollektiv der sozialistischen Arbeit« abrechnen können.

Manchmal muss ich aber auch als Verkehrserzieher an Parteiversammlungen bestimmter Institutionen teilnehmen, sozusagen als Gesetzesvertreter und öffentliches Gewissen. Wie neulich, als ich auf einem solchen Tribunal im Verlag des Verbandes der Kleingärtner, Siedler und Kleintierzüchter (VKSK) anwesend war. Dort musste sich ein Redakteur, der Genosse Ulrich Zackmann, verantworten, weil er nachts betrunken Auto gefahren war. Sicher, bei uns gilt die absolute 0-Promille-Grenze, totales Alkoholverbot am Steuer. Da kennen wir keine Kompromisse. Aber dem Mann war schon die Fahrerlaubnis entzogen worden, er hatte ein Gerichtsverfahren mit hoher Geldstrafe hinter sich. Und in seiner Stellungnahme vor seinen Genossen musste er nun nochmals erklären, wie es zu einem solch fürchterlichen Fehlverhalten kam. Der Anlass war, dass sich die Redaktion im Kollektiv betrunken hatte, weil ihre Zeitschrift »Forum des Imkers« eingestampft

Der Volks-
polizist, der
es gut mit
uns meint

Auf dem Lande mit dem Moped oder Fahrrad unterwegs: der ABV.

worden war, nachdem sie dort einen Artikel über sowjetische Kampfbienen nachgedruckt hatten, in dem nicht der richtige Klassenstandpunkt zum Ausdruck gebracht wurde. Auf Beschluss des Zentralvorstandes des KSVK sollte die Redaktion aufgelöst und der Redakteur Zackmann zur Bewährung in die »Poswetu«, das theoretische Organ des VKSK, delegiert werden. Deshalb also das bedauerliche Vorkommnis, für das der Parteisekretär Friedbert Rammler den Parteiausschluss beantragte. Da es aber in der SED demokratisch zugeht, erklärten sich die anderen Genossen nicht mit der Höchststrafe einverstanden und stimmten nur für eine schwere Rüge.

Wie gesagt, ich habe einen abwechslungsreichen Beruf. Man lernt immer etwas Neues hinzu. Beispielsweise in der vergangenen Woche bei den Feierlichkeiten zum 40. Jahrestag der Republik. Da wurde unsere Inspektion wie auch viele andere aus den restlichen Bezirken der DDR für drei Tage nach Berlin abkommandiert, zur Verstärkung der Ordnung und Sicherheit in der Hauptstadt. Es lief alles wie am Schnürchen, und für mich war es eine Auszeichnung, als Verkehrsregler die Anfahrt der hohen Staatsgäste vom Flughafen Schönefeld zu gewährleisten. Am Nachmittag des 7. Oktober waren wir gerade auf der Karl-Marx-Allee mit dem Abbau der Schutzgitter für die vorangegangene Militärparade beschäftigt, da ertönte plötzlich das Kommando: »Im Laufschritt zum Prenzlauer Berg!« Ich bin ja nicht mehr der Jüngste und habe ganz schön gekeucht, als wir dort ankamen. Erstaunlich war, dass viele Leute ihre Liebe und Verbundenheit zum sozialistischen Vaterland auch am Abend und in der Nacht demonstrieren wollten. Deshalb organisierten wir im Bereich der Gethsemanekirche und Schönhauser Allee einige Verkehrsbeschränkungen und Umleitungen. Um den An- und Abmarsch der Kundgebungsteilnehmer besser zu gewährleisten und ihnen zu zeigen, wo's lang geht, waren einige Genossen von uns mit längeren Stöcken und Schildern ausgerüstet. Außerdem fuhren mehrere W 50-Lkw vor, vorn am Kühler mit großen Schutz- und Absperrgittern, mit denen die Unfallgefahr an Baustellen eingedämmt wurde. Und am Ende schließlich unterstützte unsere Volkspolizei die Berliner Stadtreinigung, indem sie jeweils zwei »Star 29 Hydromil« und »G5 SK-2« zur Verfügung stellte. Also alle vier Wasserwerfer, die es in der ganzen DDR gab.

Eine große Hoffnung hege ich noch: dass ich bald für die tatkräftige Umsetzung dieser verkehrstechnischen Maßnahmen zum Hauptwachtmeister befördert werde. Denn ich bin ja nicht blöd.

Ein Amerikaner besucht die Leipziger Messe. Vor der Oper hält er mit seinem Straßenkreuzer neben einem Polizisten, kurbelt die Scheibe runter und sagt ungeduldig: »Please, ich suche einen Parkplatz.« Sagt der Polizist: »Und deshalb gommse exdra aus Ameriga?«

Warum gab es in der DDR keine Banküberfälle? Weil die Täter zehn Jahre auf ein Fluchtauto warten mussten.

»Da könnse mal sehen, wie energiebewusst unsereins fährt!«

Was blieb nach 1990?

Wohin mit dem Trabi, wenn die letzte Auspuffwolke verweht ist? Auf einem neun Meter hohen Stahlmast bei Neuruppin dient ein entsorgter Trabant als Storchennest (Aufnahme aus dem Jahr 1998). 920 162 Trabis rollten im Jahr 1993 über die Straßen. Zum 1. Januar 2010 registrierte das deutsche Kraftfahrt-Bundesamt noch 34 846 zugelassene Fahrzeuge.

Auf der Autobahn hat ein Trabant eine Panne. Ein BMW hält an, der Fahrer fragt, ob er behilflich sein könne. Der Trabifahrer: »Ja, Sie könnten mich abschleppen bis Gera, ginge das?« – »Ja das geht schon. Sollte ich zu schnell sein, geben Sie bitte Lichthupe.« Anfangs zuckeln sie mit 60, 70 Stundenkilometern über die Autobahn. Als aber ein Daimler den BMW überholt, vergisst der Fahrer den Trabant, gibt Gas und setzt zur Jagd auf den Daimler an. Als er Tempo 180 erreicht und zum Überholen ansetzt, wird dem Trabant-Fahrer angst und bange, und er beginnt wie von Sinnen Lichthupe zu geben. Zwei Volkspolizisten bemerken das ungleiche Rennen. Sagt der eine zum anderen: »Du, gugge mal da, die zwei Westdeutschen lassen unsern Bürger einfach nicht vorbei!«

Es war das erste Mal seit der Wende, dass Sven Füller wieder durch seine einstige Heimat fuhr. Er war schon kurze Zeit nach der Grenzöffnung in den Westen gegangen, hatte sich bei einem entfernten Verwandten einquartiert, die Schule beendet und eine Ausbildung gemacht, und jetzt, 1998, kam er zurück. Erstaunt stellte er fest, dass die alten Netzwerke (ein Wort, das früher allerdings niemand gebrauchte) alle intakt waren, Familie, Freunde – alle waren genau dort, wo er sie zurückgelassen hatte im schönen Mecklenburg, und alle freuten sich, dass er wieder da war, so als wäre er nur zwei Wochen im Ferienlager gewesen. Das alles muss man wissen, um zu verstehen, wie Sven in die folgende Lage kommen konnte: Kaum zwei Wochen im Land, fand er sich in Zittau wieder, auf einem schrottplatzähnlichen Gelände. Hier sollte er einen Trabant 500 abholen, ein seltenes Stück, der aufgrund seines Herstellungsdatums schon ein Oldtimer war, so wurde ihm versichert, und diesen sollte er nach Finnland überführen. Dort hatte sich in Littoinen in der Nähe von Turku ein Bekannter in den Kopf gesetzt, ein Trabant-Museum aufzubauen. Sven hatte vor, die B 96 bis Sassnitz zu fahren und dann die Fähre nach Helsinki oder Turku zu nehmen – je nachdem, was möglich war.

Auf dem Schrottplatz in Zittau glänzte der kleine Trabant; ringsum war nur Zerstörung. Massenhaft Trabis, Wartburgs, alte Lada, auch kleine Mopeds und Motorräder. Wenn er daran dachte, wie früher die Jagd nach Ersatzteilen lief, dann konnte er das gar nicht fassen – hatte denn außer einem sammelwütigen Finnen nie-

60 Besatzungen starten bei der Trabi-Rallye 2000, darunter eine Fahrerin mit passender Frisur.

mand mehr ein Herz für ostdeutsche Autos?

Sven tuckerte durch die Straßen von Zittau, bog auf die B 96 und hielt am Ortsausgang mit quietschenden Bremsen. Ein Tramper stand am Straßenrand. Er grinste, als er das Auto sah, und stieg ein.

»Wo willste denn hin?«, fragte Sven.

»Ich muss nach Berlin. Du fährst ja ein geiles Auto.«

»Naja, wenn ich mich hier so umsehe, sieht es eher so aus, als fände diese Autos überhaupt niemand mehr geil.«

»Quatsch, ich heiße übrigens Dieter. Glaub mir, das ist nur 'ne Phase. Kennste diesen Typen, der mit dem Trabant von Neubrandenburg nach Neu Dehli fahren wollte, Rolf heißt der? Er ist bis Aserbaidschan gekommen – durch die Türkei, durch den Iran. Der macht den Trabi weltberühmt. Bestimmt fährt der auch in die USA. Dann sollste mal sehen, wie sich alle um die kleinen Rennpappen reißen. Schon jetzt werden sie außerordentlich gern geklaut. Entweder man klaut einen Porsche oder einen Trabant.«

»Naja, übertreibst du da nicht ein bisschen? Ich sehe eher, dass die Zahl der zugelassenen Trabis sinkt, vor fünf Jahren waren es noch rund 92 000 Zulassungen, jetzt sind es zwanzigtausend weniger. Wenn wir uns in Fünfjahrplänen bewegen, gibt es 2015 keinen Trabant mehr auf den Straßen.«

»Nun sei mal nicht so pessimistisch. Es gibt Liebhaberklubs, zum Beispiel die IFA-Freunde Sachsen-Anhalt. Das ist zwar nur ein kleiner Verein, aber die veranstalten jedes Jahr das OMMA.«

»Bitte was? Und drei Bastler und eine Garage können nicht den Niedergang einer ganzen Autoentwicklung aufhalten.«

»Ost Mobil Meeting Magdeburg. Und natürlich hast du recht, aber da keine neuen gefertigt werden, wirst du ja wohl nicht erwarten, dass es auf den Straßen mehr Ostautos geben wird als früher.«

Als sie Bautzen gerade verließen, kam ihnen ein Wartburg entgegen. Der Fahrer hupte und winkte.

»Siehste, das ist eine ganz verschworene Gemeinschaft, man grüßt sich, bald kennt man sich. Das ist wie ein richtiges Hobby mit Freunden.«

Sie tuckerten weiter Richtung Hoyerswerda, Senftenberg und dann die ehemalige Transitstrecke bis Lübben.

»Hier war früher eine Minol Tankstelle«, bemerkte Sven mit einem sarkastischen Unterton. »Die gibt es nun auch nicht mehr.«

»Meine Güte, ich habe ja einen richtige Jammerossi getroffen. Wenn du mal in der Gegend um Zwickau

Yes, it's a car. Yes, yes, it drives

Trabis im Museum

August-Horch-Museum Zwickau
Technik- und Zweiradmuseum, Dargen/Usedom
DDR-Museum Zeitreise, Radebeul
Verkehrsmuseum Dresden
Fahrzeugmuseum Staßfurt
Blaulichtmuseum Beuster
Technik- und Verkehrsmuseum Stade
Rottauer Museum für Fahrzeuge, Wehrtechnik und Zeitgeschichte, Pocking
Technisches Landesmuseum Mecklenburg-Vorpommern, Schwerin

Warum mussten Geheimnisträger in einem Trabant als Dienstwagen fahren?
Da konnte sich der Fahrer mit den Knien die Ohren zuhalten.

1991

✘ **10. April:** *Der letzte Wartburg verlässt das Werk*

✘ **10. April:** *Die Barkas-Produktion wird eingestellt*

✘ **30. April:** *Der letzte Trabant 1.1. läuft vom Band; vom ersten P50 bis zum letzten Trabant 1.1 wurden insgesamt 3 096 099 Trabis in Zwickau produziert*

✘ **18. Dezember:** *Das 1990 privatisierte Motorradwerk Zschopau meldet Konkurs an*

bist, wirst du sehen, der Trabi lebt. Da ist ein großer Museumsbau geplant, der wird sicherlich August Horch im Allgemeinen gewidmet werden, aber der Trabi wird darin auch einen Platz finden. Nicht zu vergessen das Internationale Trabantfahrer-Treffen, das schon seit fünf Jahren in Zwickau stattfindet, da gibt es eine richtige Trabant-Ralley, die durch ganz Sachsen führt und dann in Zwickau endet. Das ist inzwischen ein Riesenevent, da werden auch eine Trabi-Queen und eine Trabi-Champ gewählt …«

»Igitt, ich kann's nicht hören, das ist ja ekelhaft, das hat doch mit Autos gar nichts zu tun.«

»Alter, reg dich doch nicht gleich so auf, die Leute haben ihren Spaß, sind ein bisschen nostalgisch. Für die richtigen Freaks finden dort auch technische Wettbewerbe wie Keilriemen-, Rad- und Motorwechsel, Trabi-Umbauten, ein Ersatzteilmarkt und Geschicklichkeitsfahren statt …«

Ein auffällig lackierter Trabi Cabriolet mit riesigen Lautsprechern, wo eigentlich die Kinder sitzen sollen, fuhr vorbei. Der Fahrer hupte, was man wegen der lauten Technoklänge kaum hörte, und machte mit den Händen das Victory-Zeichen.

Dieter grinste: »Naja, ich verstehe, was du meinst. Aber ich kann das noch übertreffen. Die Mauritiuts Brauerei in Zwickau hat ein Bier rausgebracht, das heißt ›Trabi de luxe‹. Sie setzen dem Trabi ein Denkmal. Apropos, ich fahre ja nicht so weit mit, aber wenn du nach Neuruppin rüberfährst, nicht ganz an der Strecke, dann siehst du eine Trabistorchennest.«

»Ich hatte mal 'ne Zeitung in der Hand, ›Supertrabi‹ hieß die … Die hatten eine Liste mit Tankstellen, an denen Zweitakter tanken können. Das fand ich sehr aufschlussreich – und jetzt finde ich es nützlich.«

Sie bogen in Lübbenau in die Straße des Friedens, tankten den Trabi voll und kauften, weil das nun ging, an der Tankstelle ein wenig Proviant ein. Als sie weiterfuhren, lachten sie über ihre Einkäufe. Sven: Club-Cola und 'ne trockene Schrippe. Dieter: Eine Schachtel Cabinet und Knusperflocken.

»Diesen Verein, der die Zeitung rausbringt, die heißen ›Inter Trab‹, den gibt es schon seit 1996, und die Zeitung erscheint fünfmal im Jahr. Und die sind auch für die kleinen Vereine engagiert, auf die du ja mehr zu stehen scheinst. Hier in der Gegend gibt es das Trabi Team Lübben, den Trabantclub Ost-Sachsen, Trabant-Power-Lausitz und wahrscheinlich noch viele mehr. Und kleine Trabi-Veranstaltungen, die meist zu Ostautotreffen im Allgemeinen mutieren, findest du zwischen Dresden und Anklam in jedem Nest.«

»Wahrscheinlich muss man sich damit abfinden, dass sich eine Kommerzialisierung nicht vermeiden lässt, wenn man die Ostautos überhaupt weiter im Straßenverkehr sehen will. Aber das ging ja schon ganz früh los. Hast du jemals ›Go Trabi go‹ gesehen?«

»Nur den ersten Teil, und das war mir zu fett. Ich hab überlegt, ob man

Wessi steht im Walde,
ganz still und stumm
Da kam ein kleiner Trabi
und fuhr ihn um.
Trabi sag, wo kommst du her?
Aus der alten DDR.
Wessi, sei jetzt stille,
sonst komm'n noch mehr.

nicht lieber ›Ein himmelblauer Trabant‹ von Sonja Schmidt covern sollte. Kennst du das? Ist zwar schon mehr als dreißig Jahre her, aber ein toller Schlager.

Ein himmelblauer Trabant
rollte durchs Land mitten im Regen.
Der große Himmel war grau,
trübe und grau ich aber fuhr
im himmelblauen Trabant
quer übers Land.
Mitten im Regen.
O ja, ich danke dir sehr,
lieber Chauffeuer,
für diese Tour.
So kam ich viel schneller
und besser nach Haus,
als ich dachte«,
sang Dieter inbrünstig.

»Wir sind fast in Berlin, wo genau willst du denn hin?«

»Kannst mich irgendwo im Zentrum rauslassen. In Berlin gibt es auch einen Trabi Club, die vermieten sogar einige Wagen, mit denen kann man dann eine Trabi-Stadtrundfahrt machen. Das ist doch eine witzige Idee.«

Sven und Dieter verabschiedeten sich am Alexanderplatz. Sven reckte und streckte sich, stieg in den Trabant und verließ die Stadt Richtung Oranienburg.

Er bog in Löwenberg von der B 96 ab und fuhr in Richtung Neuruppin. Da sah er es schon, hoch in der Luft, auf einer Stahlkonstruktion, obendrauf ein Trabi und auf dessen Dach ein Storchennest – und darin zwei Störche. Sven musste lachen. Er pfiff die Nationalhymne, die von Hanns Eisler, nur viel schneller, als er sie von früher im Ohr hatte, und kehrte zurück auf die B 96. Noch drei Stunden Fahrt, wenn alles glatt ging. Er hielt die Augen nach Begleitung offen.

550 Trabis bewerben sich beim X. Internationalen Trabantfahrer-Treffen 2002 in Zwickau in den Wettbewerbskategorien Oldtimer, Youngtimer, IFA-Fahrzeuge und Umbauten um die Anerkennung als »Super Trabi 2003«.

Yes, it's
a car.
Yes, yes,
it drives

Quellen

Michael Dünnebier, Lastwagen und Busse, Berlin 1988

Michael Dünnebier/Eberhard Kittler, Deutsche Autos, Stuttgart 2006

Peter Kirchberg, Plaste, Blech und Planwirtschaft. Die Geschichte des Automobilbaus in der DDR, Berlin 2004

Eberhard Kittler, Typenkompass DDR-Personenwagen, Stuttgart 2000

Frank Rönnicke, Typenkompass DDR-Motorräder, Stuttgart 2004

Steffi Schweizer, Minol – Hauptsache Benzin, Selbstverlag 2004

Der deutsche Straßenverkehr, Berlin 1953 ff

Motorkalender der DDR, Berlin 1977 ff

Statistisches Jahrbuch der DDR, Berlin 1965 ff

Bildnachweis

akg-images (S. 8/9: Volkmar Thie; S. 58: Hervé Champollion; S. 62 Mitte: Hans-Horst Skupy; S. 72: Helene Skupy; S. 88/89: Kurt Hartmann; S. 102/103, 154/155 und S. 172/173: Straube; S. 5 Mitte, 144 oben: Hans-Martin Sewcz; S. 144 Mitte: Gardi)

Bild und Heimat Reichenbach (S. 4, 151 rechts, 157 oben)

bpk (S. 50/51, Gert Koshofer; S. 82/83: Herbert Fiebig; S. 134/135: Hans Martin Sewcz)

Brüggemann (S. 1, 165)

Bundesarchiv Koblenz (S. 20/21: 183-1986-0903-118 Jürgen Ludwig; S. 24/25: DH 2 Bild-A-24263 Letzerich; S. 26/27: 183-G0423-0008-001 Ulrich Ritter; S. 56: 183-S0805-0009; S. 70: 183-48172-0001 Wittig; S. 71: 183-65778-0004 Martin; S. 72/73: 183-F0302-0003-001 Hartmut Reiche; S. 80/81: 183-64321-0006 Horst Sturm; S. 81: 183-92760-0002; S. 97 oben: 183-35331-0002 Klein; S. 121: 183-J1113-0302-002 Horst Sturm; S. 137: 183-N1224-0007 Wolfgang Kluge; S. 138: 183-M1121-0019 Rainer Mittelstädt; S. 140/141: 183-1983-1116-405 Benno Bartocha; S. 148/149: 183-1983-0305-009 Rainer Mittelstädt; S. 150/151: 183-82287-0012 Ulrich Kohls; S. 156/157: 183-B0826-0009-010 Friedrich Gahlbeck; S. 157 unten: 183-14581-0003 Erich Höhne, Erich Pohl; S. 162/163: 183-52061-0023 Schmidt; S. 174/175: DO 1 Bild-06387-05 Henry Herrmann; S. 178: DO 1 Bild-06488-27 Peter Schmidt; S. 181: DO 1 Bild-090603 Sabine Kraemer

Hellbach Archiv (S. 1 links, 3 rechts, 64/65, 106, 122/123, 153, 176/177)

Steffen Kawelke (S. 4 links, 60, 61)

Udo Paulitz (S. 16 bis 19, 23, 66/67, 84/85, 94/95, 104 bis 115, 124/125 unten, 157 Mitte, 158

picture alliance (S. 3 links unten, S. 190/191: dpa-Zentralbild / Wolfgang Thieme; S. 4/5 oben und S. 5 unten: dpa-Zentralbild / Thomas Uhlemann; S. 188/189: dpa-Zentralbild / Matthias Hiekel; S. 30/31: dpa-Zentralbild / Stefan Sauer; S. 34/35: dpa-Zentralbild / Wolfgang Weihs; S. 40/41 und S. 116/117: dpa-Zentralbild / Ulrich Hässler; S. 56/57: dpa-Zentralbild / Günter Gueffroy; S. 62 unten: dpa-Zentralbild / Hubert Link; S. 77: dpa-Zentralbild / Heinz Junge; S. 78/79: dpa; S. 90/91: dpa-Zentralbild / Georg Zimmer; S. 118/119: Reinhard Kungel; S. 124/125: dpa-Zentralbild / Heinz Junge; S. 127: dpa-Zentralbild / Manfred Uhlenhut; S. 128/129: ADN-Zentralbild; S. 130: dpa-Zentralbild / Peter Heinz Junge; S. 146/147: dpa-Zentralbild / Reinhard Kaufhold; S. 184/185: dpa-Zentralbild / Gardi; S. 186/187: dpa-Zentralbild / Andreas Altheim

Presse- und Informationsamt der Bundesregierung (S. 160/161: B 145 Bild-00049387 Klaus Lehnartz)

A. Schubert (S. 12/13)

ullstein bild / Lammel (S. 6, 119, 192)

ullstein bild / Probst (S. 74/75)

Bildzitate aus Steffi Schweizer, Minol – Hauptsache Benzin (S. 92/93, 96, 97 unten, 98)

Abbildungen und Faksimiles aus DDR-Prospekten und -Zeitschriften (S. 3, 10/11, 14/15, 27, 33, 36, 37, 39, 42, 44/45, 46, 49, 60, 69, 73, 86/87, 92/93, 99, 101, 133, 143, 168 bis 171)

Nicht in allen Fällen ist es uns gelungen, die Urheber der Fotos zu ermitteln. Berechtigte Honoraransprüche bleiben gewahrt.

Karikaturen

Manfred Bofinger (53 oben, 175, 182), Peter Dittrich (63, 143), Barbara Henniger (52, 55, 177), Heinz Jankofsky (180), Kunz (39), Harri Parschau (53 unten, 86, 124, 127, 166/167), Louis Rauwolf (32), Thomas Schleusing (38/39, 142), Horst Schrade (185)

Abbildungen Cover

vorne: v.o.l: akg-images / Volkmar Thie; akg-images / Straube; bpk / Herbert Fiebig; bpk / Gerhard Kiesling; akg-images / Helene Skupy

hinten: bpk/Gert Koshofer

ISBN 978-3-359-02269-5

Umschlaggestaltung und Layout: Steffen Kawelke

Druck und Bindung: Salzland Druck, Staßfurt

Ein Verlagsverzeichnis schicken wir Ihnen gern:
Eulenspiegel · Das Neue Berlin
Verlagsgesellschaft mbH & Co. KG
Neue Grünstr. 18, 10179 Berlin
Tel. 01805/30 99 99
(0,14 €/Min., Mobil max. 0,42 €/Min.)

Die Bücher des Eulenspiegel Verlages erscheinen in der Eulenspiegel Verlagsgruppe.

www-eulenspiegel-verlag.de